新时代大学生
网络素养绿皮书·2023

方增泉　祁雪晶　元英◎著

人民日报出版社
北京

图书在版编目（CIP）数据

新时代大学生网络素养绿皮书. 2023 / 方增泉，祁雪晶，元英著. —北京：人民日报出版社，2023.11
ISBN 978-7-5115-8040-5

Ⅰ.①新… Ⅱ.①方… ②祁… ③元… Ⅲ.①大学生—计算机网络—素质教育—研究报告—2023 Ⅳ.①TP393

中国国家版本馆CIP数据核字（2023）第202498号

书　　名：新时代大学生网络素养绿皮书. 2023
　　　　　XINSHIDAI DAXUESHENG WANGLUO SUYANG LÜPISHU. 2023
著　　者：方增泉　祁雪晶　元　英

出 版 人：刘华新
责任编辑：梁雪云
封面设计：中尚图

出版发行：人民日报出版社
社　　址：北京金台西路2号
邮政编码：100733
发行热线：（010）65369527　65369846　65369509　65369512
邮购热线：（010）65369530
编辑热线：（010）65369526
网　　址：www.peopledailypress.com
经　　销：新华书店
印　　刷：三河市中晟雅豪印务有限公司
法律顾问：北京科宇律师事务所（010）83632312

开　　本：710mm × 1000mm　1/16
字　　数：225千字
印　　张：13
版次印次：2024年4月第1版　2024年4月第1次印刷
书　　号：ISBN 978-7-5115-8040-5
定　　价：69.00元

目　录
CONTENTS

绪　论

一、概念辨析

（一）媒介素养

"媒介素养"一词源于 20 世纪 30 年代，英国学者列维斯和汤普生在《文化与环境：批判意识的培养》一书中首次提出将媒介素养教育引入学校课堂的建议，被认为是英国乃至世界关于媒介素养研究的开始。自此，"媒介素养"这一概念登上学术舞台，逐渐受到学界的重视。

目前，虽然媒介素养研究有了长足发展，但尚未形成统一的概念。1992 年，美国媒介素养研究中心对此的定义是"人们面对各种媒介信息时的选择能力、理解能力、质疑能力、评估能力、创造和生产能力以及思辨的反应能力"。2005 年，英国通信管理局（OFCOM）对媒介素养的定义是"在复杂社会情景下人们接触媒介、理解媒介和积极使用媒介进行创造性交流的能力"。加拿大安大略教育部定义媒介素养"是学生理解和运用大众媒介方法，对大众媒介本质、媒介常用的技巧和手段以及这些技巧和手段所产生的效应的认知力和判断力"。

伴随着媒介技术的突破和人们认识的拓展，媒介素养的名称也不断变化。比如屏幕教育、图像素养、电视素养、视觉传播、媒介批评等。进入信息时代以后，随着计算机及其信息高速公路的建立，计算机素养、信息素养和网络素养等被相继提出。进入 21 世纪，随着新媒介技术的发展，传统的"媒介素养"内涵已经不能适应新的社会变化，"新媒介素养"概念应运而生。美国新媒介联合会在 2005 年发布的《全球性趋势：21 世纪素养峰会报告》中将新媒介素养定义为："由听觉、视觉以及数字素养相互重叠、共同构成的一整套能力与技巧，包括对视觉、听觉力量的理解能力，对这种力量的识别与使用能力，对数字媒介的控制与转换能力，对数字内容的普遍性传播能力，以及对数字内容进行再加工的能力。"[①]

---

① Consortium N M. A Global Imperative: The Report of the 21st Century Literacy Summit[J]. New Media Consortium, 2005:32.

媒介素养向新媒介素养转变的同时，西方的媒介素养研究也经历了从保护主义、培养辨别力、批判性解读到参与式文化的四种范式变迁，每一次范式的转换都与西方社会的变化、媒介技术的进步、文化研究和受众研究的转向密切相关。

有些学者还从媒介素养的定义出发，对媒介素养的内涵进行了进一步的探究。如林爱兵对传媒素养的内涵进行了细分，区分了传者素养、受者素养、媒介素养和媒体素养等概念；谢金文则把媒介素养分为认识大众传媒和参与大众传媒两个部分；张冠文和于健则认为媒介素养还包括"有效地创造和传播信息的素养"。我国学者栾轶玫认为媒介素养包含两方面主要内容："什么是信息"和"什么是媒介"。前者关系到如何找寻信息、判断信息、解读信息、运用信息，能够辨别信息的真伪和信息的优先级，能区分有效信息和干扰信息，能知晓自己和他人在信息中所处的位置，以此预判信息可能导致的行为。后者则包含已有的媒介类型以及随着新技术发展而新增的媒介类型、媒介运营、媒体融合、媒介与商业、媒介与政治、媒介与文化等多个方面，从而实现控制媒介对自己的消极影响并能将"媒介为我所用"，拓展自己的信息边界及行动能力。李月莲提出，在大众传媒及 Web1.0 时代、Web2.0 时代、Web3.0 时代，媒介素养教育的内涵应该有所发展，在 Web1.0 时代，媒介素养的教育目的是培养具备批判力的传媒消费者；在 Web2.0 时代，媒介素养的教育目的是培养精明的传媒消费者及负责任的传媒制作人；在 Web3.0 时代，媒介素养的教育目的是培养具备寻索、解读、使用及创造信息能力的知识工作者，具有高阶思维能力及道德内涵。[①]

在媒介素养研究过程中，出现了"信息素养""数字素养"等一系列关系紧密的词语。

（二）信息素养

1974 年，美国信息产业协会主席 Paul Zurkowski 最早提出信息素养的概念，他指出信息素养是利用大量的信息工具及主要信息资源使问题得到解答的技术和技能。在这一阶段，信息素养研究还止步于对信息的搜集检索和利用能力研究。

随着互联网的发展，信息成为重要的社会资源，从信息延伸的个人素养——信息素养也逐渐被重视，不同学者、机构等对信息素养的认知展开进一步界定。1994 年，澳大利亚格里菲斯大学的布鲁斯总结了信息素养人的七个关键特征：

---

① 李月莲. 媒介素养向前看：与"信息素养"和"信息及传播科技"整合 [C]. 第三届媒介素养教育国际学术研讨会.

（1）具有独立学习能力；（2）具有完成信息过程的能力；（3）能利用不同信息技术和系统；（4）有促进信息利用的内在化价值；（5）拥有关于信息世界的充分知识；（6）能批判性地处理信息；（7）具有个人信息风格。1998年，美国图书馆学会发表《信息素养教育进展报告》，提出被普遍认同的信息素养定义："作为具有信息素养能力的人，必须能够充分地认识到何时需要信息，并有能力去有效地发现、检索、评价和利用所需要的信息"[①]，这一概念包含信息意识和信息能力两个维度。同年，美国学校图书协会（AASL）和美国教育传播与技术协会（AECT）出版"K-12学生信息素养标准"，制定针对中学生的九大信息素养标准：能有效地和高效地获取信息；能熟练地、批判性地评价信息；能精确地、创造性地使用信息；能探求与个人兴趣有关的信息；能欣赏作品和其他对信息进行创造性表达的内容；能在信息查询和知识创新中做得最好；能认识信息对民主化社会的重要性；能履行与信息和信息技术相关的符合伦理道德的行为规范；能积极参与活动来探求和创建信息。这些标准主要涉及获取和利用信息的能力和信息行为规范两个方面。从这个阶段开始，信息素养的界定逐渐形成明确的标准。

2001年，美国教育技术CEO论坛提出信息素养涉及信息的意识、信息的能力和信息的应用，认为信息素养是一种综合能力，涉及各方面的知识，是一种特殊的、涵盖面很宽的能力，它包含人文的、技术的、经济的、法律的诸多因素，和许多学科有着紧密的联系。信息素养的重点是内容、传播、分析，包括信息检索以及评价，涉及面更宽。它是一种了解、搜集、评估和利用信息的知识结构，既需要通过熟练的信息技术，也需要通过完善的调查方法、通过鉴别和推理来完成。2011年，英国国立和大学图书馆协会提出"信息素养七要素"，即识别、审视、规划、搜集、评估、管理、发布，每个指标都由应知和应会两个部分组成，这些指标被广泛借鉴，成为判断网络信息利用能力的标准。

随着文化涵变、技术流变等社会的发展，信息素养的概念不断被补充和扩展，以适应时代的意涵。在信息素养研究中，学者Lee和AYL以Web of Science数据库中1956年到2012年的相关文献为数据来源，实证探究了媒介素养和信息素养之间的区别和联系：两者分别来自图书馆管理学和媒介研究等不同领域，信息素养更多地涉及信息的存储、处理和使用，媒介素养更关注媒介内容、媒体产业和社

---

① American Library Association. A Progress Report on Information Literacy : An Update on the American Library Association Presidential Committee on Information Literacy Final Report[R]. Association of College and Research Libraries，1998.

会效应等[①]。我国学者韩永青持同样观点，认为两者首先在历史起源和学科背景方面存在差异，其次在概念、内涵、研究范围方面又存在着相似性。媒介素养与信息素养均强调对信息的获取、评估、判断和使用等能力，这使得二者具有某种天然的一致性。随着网络媒介与数字技术发展并广泛渗透人类社会生活，信息传输的速度与比率呈指数级增长，媒介素养和信息素养出现了不断融合的趋势[②]。

从上述关于信息素养的概念界定，以及信息素养人的特征和标准，可以发现信息素养是具有广泛含义的综合性概念，不仅包括利用信息工具和信息资源的能力，还涉及获取信息、认知信息、处理信息、管理信息、传播信息、创造信息等方面的能力。此外，其还涉及个人独立自主学习的态度、批判精神以及强烈的社会责任感和参与意识，在提出创新性方法和解决实际问题方面有综合的信息素养相关能力。

如今，随着 5G、物联网、大数据、人工智能等多元技术的发展，产生了海量的信息数据，催生了数据化社会。在复杂且流动的信息社会中，信息素养不再仅指单纯的信息技术使用技能，还包含信息搜索、信息筛选、信息处理、信息运用、信息传播、信息创造等多个部分。

（三）数字素养

随着数字技术发展，互联网中的个人素养在当今时代有新的发展，产生了数字素养。在多种素养交叉与融合的背景下，数字素养是媒介素养、信息素养等相关素养概念在数字时代的升华与拓展。

为促进公民数字素养发展，欧盟于 2011 年实施"数字素养项目"，这一项目建立了数字素养框架。框架包括信息域、交流域、内容创建域、安全意识域和问题解决域五个"素养领域"，呈现一种多维立体结构，具有多元适用性。欧盟数字素养框架研究基于证据的教育政策研制与科学决策方法论，高质量完成这一系统工程；欧盟数字素养框架在内容上体现了将素养理解为知识、技能和态度的跨学科领域复合体素养观；欧盟坚持数字素养的理论研究与实证研究并进，既保持持续跟踪研究的连贯性，又体现研究的宏观系统性。2018 年，欧盟将数字能力界定为在学习、工作和参与社会中自信、批判性和负责任地使用数字技术，包括信息和数据素养、沟通和协作、媒体素养、数字内容创作（包括编程）、安全（包括

---

① SO C, Lee A. Media literacy and information literacy: similarities and differences[J]. Comunicar, 2014, 21(42): 137–146.

② 韩永青. 试论媒介素养与信息素养的融合 [J]. 新闻爱好者，2016（2）.

数字福祉和与网络安全相关的能力）、知识产权相关问题、问题解决和批判性思维等[①]。2022 年，欧盟发布了新版"数字技能指标"（DSI 2.0），更新了各项能力在知识、技能和态度方面的案例，具体分为"信息与数据素养""交流与合作""数字内容创建""安全""问题解决"五个方面。

在数字素养研究领域，最具有权威地位的是以色列学者 Yoram Eshet Alkalai 提出的"数字素养概念框架"。该框架的前四类素养，即"图片—图像素养"（photo-visual literacy）、"再生产素养"（re-production literacy）、"分支素养"（branching literacy）、"信息素养"（information literacy），都涉及个体对数字多媒体信息的认知、理解和再生产方面的能力，而第五类"社会—情感素养"（social-emotional literacy）指在数字媒介构成的虚拟环境下人与人之间的情感交流能力。他认为："'社会—情感素养'是所有技能中最高级、最复杂的素养。'社会—情感素养'的培养要求个体有高度的批判性能力和分析能力、成熟的心理素质以及良好的信息、分支和视觉技能。"在数字素养教育层面，闫广芬和刘丽芬基于欧盟七个教师数字素养框架的比较分析，指出其核心构成要素为：数字化教学、数字化内容创造、数字化交流协作、数字化安全和数字化评估。在特定群体的数字素养研究层面，苏岚岚和彭艳玲探索性构建包括数字化通用素养、数字化社交素养、数字化创意素养和数字化安全素养四个方面的农民数字素养评估指标体系，并提出全方位提升农民数字素养水平、完善多元主体协同共治的策略体系、优化乡村数字治理的配套支撑机制等政策建议。

2021 年 11 月，中央网络安全和信息化委员会发布《提升全民数字素养与技能行动纲要》，明确提出到 2025 年"全民数字化适应力、胜任力、创造力显著提升，全民数字素养与技能达到发达国家水平"，2035 年"基本建成数字人才强国，全民数字素养与技能等能力达到更高水平，高端数字人才引领作用凸显，数字创新创业繁荣活跃，为建成网络强国、数字中国、智慧社会提供有力支撑"的目标。2022 年 12 月，教育部颁布《教师数字素养》标准，提出教师数字素养，即教师适当利用数字技术获取、加工、使用、管理和评价数字信息和资源，发现、分析和解决教育教学问题，优化、创新和变革教育教学活动而具有的意识、能力和责任，并将数字素养分为五个维度，即数字化意识、数字技术知识与技能、数字化

[①] European Commission, Directorate-General for Education, Youth, Sport and Culture (2019). Key competences for lifelong learning, Publications Office[N]. https://data.europa.eu/doi/10.2766/569540. 2019.

应用、数字社会责任和专业发展。可见，数字素养已成为当代个体在数字化时代生存的重要能力，而青少年作为参与数字实践活动的重要群体，提升其数字素养是现实的迫切呼唤。

二、网络素养概念的由来和发展

（一）网络素养的定义

随着网络技术的飞速发展，人们使用各种网络媒介的频率日益增加，网络媒介对人们的影响日益加深，学界对网络素养的研究也随之诞生。

1994 年，美国学者 McClure 首先用"网络素养"（network literacy）的概念来描述个人"识别、访问并使用网络中的电子信息的能力"[①]。Mcclure 认为信息素养是网络素养、媒介素养、计算机素养以及传统素养的结合，其中，知识与技能是大众网络素养最重要的两个方面。1995 年，美国加利福尼亚州立大学提出网络素养是图书馆素养、计算机素养、媒介素养、技术素养、伦理学、批判性思维和交流技能的融合[②]。1999 年，学者 Selfe.C 对"计算机素养"（computer literacy）和"技术素养"（technological literacy）两个概念进行了区分，认为计算机素养是人们使用计算机、软件或网络的机械技能，而技术素养是电子环境背景下的一系列包含社会和文化因素的价值观、实践和技巧的复杂的操作语言[③]。2000 年，Silverblatt 丰富了网络素养的内容，认为网络素养包含可以决定自己的网络消费、知道网络传播的基本原理、认识到网络对社会与个人的影响、分析和探讨网络信息的策略、提升网络内容的享受、理解和欣赏能力以及解读网络媒介文本和文化这七个方面的能力[④]。2002 年，学者 Savolainen 则从社会认知理论出发，对网络素养进行了系统梳理，提出了"网络能力"（network competence）的概念，认为网络能力包含互联网信息资源中的知识、使用工具获取信息的能力、判断信息的相关性的能力

① McClure C R. Network literacy: a role for libraries?[J]. Information Technology and Libraries, 1994, 13(2): 115–125.

② Curzon S C.Information Competence in the CSU:A Report[R/OL].[2020–01–10]. http:// teachingcommons.cdl.edu/ictliteracy/about/documents/FinalRpt_95_ InfoCompintheCSU1995.pdf.

③ Selfe. Cynthia L. Technology and Literacy in the twenty–first century[J]. Carbondale: Southern Illinois University Press, 1999.

④ Silverblatt, A. Media literacy in the digital age. Reading Online[EB/OL]. http://www.readingonline. org/ newliteracies/lit_index.aspHREF =/newliteracies/silverblatt/ index.html. 2000.

和沟通能力四个方面①。

如今，网络技术的快速发展建构了具有复杂性、多元性、易变性的网络传播环境，重构了社会信息传播系统。在网络持续迭代变化的背景中，个人如何在网络世界中认知网络、使用网络、管理网络等成为网络时代的新课题，基于网络环境的网络素养逐渐受到重视。

2002 年，卜卫提出，网络素养的培养应该使青少年能够建立对信息批判的反应模式、发展关于媒介的思想、提高对负面信息的免疫能力、学会有效地利用大众传媒帮助自己成长、使用和管理计算机网络、创造和传播信息以及保护自己上网安全的能力②。

燕荣晖在"素养"一词的基础上引申出网络时代的媒介素养，即网络素养的定义是指人们正确地判断和估计媒介讯息的意义和作用，有效地创造和传播信息的素养，具体而言，就是对网络的内容与形式的识辨能力、批判能力、醒觉能力、管理能力和创制能力③。

陈华明等从网络使用的技能层面定义网络素养，并指出其重要性，认为网络素养是网络用户正确使用和有效利用网络的一种能力，是在与网络的接触与交往中所习得的技巧或能力，是现代人信息化生存的必备能力④。信息时代青少年应该具备的网络素养包括了解计算机和网络的基本知识，对计算机网络及其使用有相应的管理能力；发现和处理信息的能力；创造和传播信息的能力；在网上保护自己安全的能力；能够发现并利用网上有利于自己成长的信息或功能，即有效地利用网络促进发展。

贝静红在网络使用基础上从个人对网络的认知、批判、管理等综合层面延伸了网络素养概念，认为网络素养是网络用户在了解网络知识的基础上，正确使用和有效利用网络，理性地使用网络信息为个人发展服务的一种综合能力。它包括对网络媒介的认知、对网络信息的批判反应、对网络接触行为的自我管理、利用网络发展自我的意识，以及网络安全意识和网络道德素养等各个方面⑤。

黄永宜认为，网络素养不仅包括对网络知识的基本了解和使用网络获取信息

---

① Savolainen R. Network competence and information seeking on the Internet[J]. Journal of Documentation, 2002,58(2):211–226.

② 卜卫. 媒介教育与网络素养教育 [J]. 家庭教育，2002（11）.

③ 燕荣晖. 大学生网络素养教育 [J]. 江汉大学学报，2004（01）.

④ 陈华明，杨旭明. 信息时代青少年的网络素养教育 [J]. 新闻界，2004（04）.

⑤ 贝静红. 大学生网络素养实证研究 [J]. 中国青年研究，2006（02）.

的能力，还包括对网络信息价值的认知、判断和筛选能力、对网络信息的解构能力、对网络世界虚幻性的认知能力、建立网络伦理观念的能力、网络交往的能力和认识网络双重性影响的能力等[①]。

Livingstone 认为网络素养主要是指人们接近、分析、评价和生产网络媒介内容等四个方面的能力，这四个方面的能力不是此消彼长的，而是相辅相成的[②]。

Lee 和 Chae 在一项针对儿童的网络素养调查中提出，网络素养指的是访问、分析、评估并创建在线内容的能力[③]。

李宝敏则是从儿童的角度来定义网络素养，她认为网络素养是儿童在网络生活中所必备的素养，是儿童在网络世界的主动探究中建构形成与发展的，是儿童在多元网络文化实践中不断提高的修养以及儿童在网络空间的自我发展能力，从而实现高质量有意义网络生活的目标，即实现儿童在网络生活中"会探究、会学习、会合作、会交流、会创造、会生存"的目标[④]。

黄发友指出，网络素养是指在利用网络过程中所应具备的基本素养，即在正确认识网络媒介的基础上，理性获取、评价、利用、传播和创新网络信息为自身成长和发展服务的意识、能力、修养和行为观念，主要包括网络识辨素养、网络应用素养、网络道德法律素养和网络安全素养等。培育网络素养是促进正确认识和合理使用网络的重要途径[⑤]。

叶定剑认为，网络素养是指人们认识网络、使用网络和改变网络的能力[⑥]。只有能够正确地、积极地利用网络资源，具有高度的网络安全意识、较强的网络技术水平、严格的网络守法自律习惯、高尚的网络道德情操以及引领大家共同参与网络建设的能力，才能被称作具有高度的网络素养。

结合相关研究，方增泉课题组认为网络素养是人们对网络世界的信息、事件和情境的认知和行为能力，具体包括注意力管理能力、信息搜索与利用能力、信

---

① 黄永宜. 浅论大学生的网络媒介素养教育 [J]. 新闻界 ,2007(03).

② Livingstone S. Engaging with media—A matter of literacy?[J]. Communication Culture & Critique, 2008,1(1).

③ Lee S, Chae Y. Balancing Participation and Risks in Children's Internet Use: The Role of Internet Literacy and Parental Mediation[J]. Cyber psychology,Behavior and Social Networking, 2012,15(5).

④ 李宝敏. 儿童网络素养研究的缘由、意蕴与实践路径 [J]. 全球教育展望，2010，39（10）.

⑤ 黄发友. 大学生网络素养培育机制的构建 [J]. 北京邮电大学学报（社会科学版），2013，15（01）.

⑥ 叶定剑. 当代大学生网络素养核心构成及教育路径探究 [J]. 思想教育研究，2017，270（01）.

息分析评价能力、印象管理能力、网络安全保护能力、道德认知和行动能力、情感体验和审美能力等。随着网络技术的快速发展，网络素养是从互联网信息资源中获取知识的能力、使用工具获取信息的能力、判断信息的相关性的能力、沟通能力这几方面的计算机能力素养，发展到在了解网络知识的基础上，正确使用和有效利用网络，理性地使用多媒体网络信息为个人发展服务的一种综合能力；在媒介融合、算法主导的新媒体时代，乃至未来可能出现的元宇宙时代中，网络素养将更加突出社会性、开放性等新媒介环境特质，发展成为一种基于媒介素养、数字素养、信息素养，再叠加社会性、交互性、开放性等网络特质，最终构成相对独立的概念范畴。随着网络技术流变、网络文化涵变等时代发展，网络素养概念内涵和外延不断在丰富和完善。

（二）网络素养与媒介素养、信息素养、数字素养的关系

网络素养与媒介素养、信息素养等概念之间的关系也是许多学者关注的课题。早在 1994 年，McClure 认为信息素养是网络素养、媒介素养和计算机素养以及传统素养的结合，如图 1 所示[①]。2000 年，美国大学与图书馆协会提出，网络素养包含在信息素养之内，指的是信息技术素养，即使用电脑、软件应用、数据库以及其他技术等来实现与工作和学术相关目标的能力[②]。

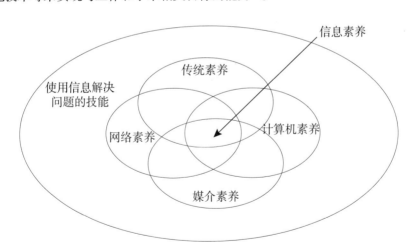

图 1 McClure 所提出的关于"网络素养"的图式

① McClure C R. Network literacy: a role for libraries?[J]. Information Technology and Libraries, 1994,13(2).

② Information Literacy Competency Standards for Higher Education[R]. Association of College and Research Libraries, 2000.

在二十余年之后，人们所面临的信息环境已产生了翻天覆地的变化，网络的承载能力也处于不断增量扩充的过程当中。2013年，王春生认为，信息素养是包括网络素养在内的相关素养的基础，也是相关素养形成的源泉，可以将网络素养看作信息素养的"网络版"，学者们对于网络素养的讨论也正是信息素养关注的内容，如信息技术使用技能、评价信息所需要的辩证思维能力、使用信息所应遵守的伦理观念等。在高速发展的信息社会中，信息素养是人的一种元素养，对于网络素养的提高也需要借助信息素养来完善[①]，进一步明确了信息素养和网络素养之间的关系。

欧美发达国家则倾向于使用"数字素养"（digital competence）一词，以"数字"取代"信息"能够更加凸显现代信息技术区别于以往信息技术的数字化本质。喻国明认为，如今的网络包含数字技术、资源整合、信息传播等多个维度，网络素养也应该是包含媒介素养、信息素养、数字素养等，再叠加社会性、交互性、开放性等网络特质的一种更加广泛的研究范围，应该站在更加宏观的现实语境和社会土壤中去理解网络素养，如图2所示[②]。

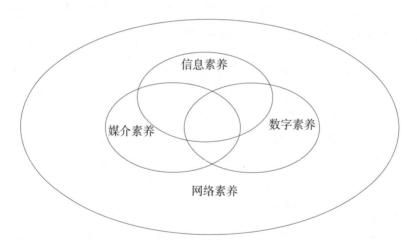

图2　喻国明提出的关于"网络素养"的新图式

在国际范围内，网络素养的概念也备受关注，各国教育部门与媒体机构纷纷将网络素养教育作为信息时代提升青少年上网能力、保障网络安全的重要手段。

---

① 王春生.元素养：信息素养的新定位[J].图书馆学研究，2013，320（21）.
② 喻国明，赵睿.网络素养：概念演进、基本内涵及养成的操作性逻辑[J].新闻战线，2017（2）.

新加坡是网络素养教育水平较高的国家之一，前瞻性地使用了"cyber wellness"一词代指网络素养，使其超越了"网络健康"的字面释义，认为网络素养包括对于网络信息的辨别能力、避免网络侵害的自我保护能力、尊重和保护他人的警觉性以及对于网络如何影响个人和大众的认知能力。[①]

联合国教科文组织（UNESCO）2013 年发布了《全球媒体和信息素养评估框架》，对于"媒体与信息素养（Media and Information Literacy）"定义为一组能力，使公民能够使用一系列工具，以批判的、道德的和有效的方式获取、检索、理解、评估和使用、创造、分享所有格式的信息和媒体内容，以参与和从事个性化、专业化和社会化的活动[②]。

（三）网络素养的实践研究

随着网络媒介迅速发展，众多研究者开始网络素养的实践研究，比如越来越多的教育工作者认识到网络在青少年生活、学习中的重要作用，开始积极尝试将网络与教学结合起来，同时也在探讨网络素养与青少年的关系。

2006 年起，季为民[③]与其团队组建了"中国未成年人互联网运用状况调查"课题组，以 18 岁以下的青少年为调查对象，对他们 10 年内使用互联网的态度、行为等方面展开了调查。调查结果反映出了青少年在使用网络上的特点与问题所在，也强调了正确引导青少年接触互联网媒体的重要性。

张洁[④]等以北京市东城区黑芝麻胡同小学为例，进行媒介素养教育校本课程实验。实验发现，国家教育政策调整和基础教育课程体系改革的不断推进，为媒介素养教育尽早融入中小学课程体系打开了大门。校长或学校管理层的决策在校本课程的开发中起着至关重要的作用，对媒介素养教育来说，先取得中小学校长的理解和认识，将成为下一阶段媒介素养教育实践迅速推广的关键。

---

① A report by The Advisory Council on the Impact of New Media on Society. Engaging New Media—Challenging Old Assumptions[EB/OL].http://newarrivals.nlb.gov.sg/itemdetail. aspx?bid=13165641, 2008.

② 程萌萌，夏文菁，王嘉舟，郑颖，张剑平.《全球媒体和信息素养评估框架》（UNESCO）解读及其启示 [J]. 远程教育杂志，2015，33（01）.

③ 季为民. 互联网媒体与青少年——基于近十年中国青少年互联网媒体使用调查的研究报告 [J]. 青年记者，2019（25）.

④ 张洁，毛东颖，徐万佳. 媒介素养教育实践研究——以北京市东城区黑芝麻胡同小学为例 [J]. 中国广播电视学刊，2009（3）.

张海波[1]以广州市少年宫为例，探究网络素养从多个方面推进我国基础教育课程体系。自 2006 年开始，广州市少年宫网络素养教育团队历经 10 余年，在媒介素养教育的基础上，推动面向学生、教师和家长的参与式网络素养教育，并推动网络素养正式进入广东省地方课程教材，进行大范围的教师培训。网络素养进校园、进家庭，实现了我国网络素养教育正式进入国家基础教育课程体系的突破。

郑素侠[2]以劳务输出大省——河南省的原阳县留守流动儿童学校作为研究案例，关注城乡发展中存在的留守儿童、人口流动等问题，将参与式传播的工作方法应用于农村留守儿童的媒介素养教育中，考察参与式传播在帮助留守儿童重获自尊与自信、增强自身行动能力方面的赋权意义。

田丽[3]对未成年人网络素养及因素影响进行了探索研究。调查数据发现，未成年人的个人素养显著低于公共素养，自我学习与网络发展共同影响网络素养，以及自我认知越积极，网络素养越高。

2018 年起，共青团中央维护青少年权益部、中国互联网络信息中心（CNNIC）连续三年发布了《2018 年全国未成年人互联网使用情况研究报告》《2019 年全国未成年人互联网使用情况研究报告》《2020 年全国未成年人互联网使用情况研究报告》，报告针对未成年人上网行为进行研究，聚焦未成年人互联网普及、网络接入环境、应用使用和利用网络进行自我保护等情况，重点总结出未成年人互联网使用趋势，并提出针对性的具体建议。

方增泉等人发布了《中国青少年网络素养绿皮书（2017）》[4]《中国青少年网络素养绿皮书（2020）》[5]《中国青少年网络素养绿皮书（2022）》[6]。2017 年、2020 年与 2022 年的数据基本保持稳定。2022 年数据显示，青少年网络素养总体平均得分为 3.56 分（满分 5 分），比 2020 年增加了 0.02 分。

陈阳等借用布迪厄的"资本"概念，选择了河南省三个县下属的六所初中、

---

[1] 张海波. 推动网络素养进入我国基础教育课程体系——以广州市少年宫网络素养教育团队实践探索为例 [J]. 中国校外教育，2021（1）.

[2] 郑素侠. 参与式传播在农村留守儿童媒介素养教育中的应用——基于河南省原阳县留守流动儿童学校的案例研究 [J]. 新闻与传播研究，2014，21（04）.

[3] 田丽. 从"用上网"到"用好网"——未成年人网络素养及影响因素研究 [J]. 网络传播，2020（4）.

[4] 方增泉. 中国青少年网络素养绿皮书（2017）[M]. 北京：中国传媒大学出版社，2018.

[5] 方增泉. 中国青少年网络素养绿皮书（2020）[M]. 北京：人民日报出版社，2021.

[6] 方增泉. 中国青少年网络素养绿皮书（2022）[M]. 北京：人民日报出版社，2022.

高中进行问卷调查，考察信息和通信技术的接触和使用对于乡村青少年群体的意义。数据表明，乡村青少年的数字资本水平仍有提升空间，而"上网"能够为乡村青少年带来正面影响，帮助青少年建立起"强关系"与"弱关系"，积累更多社会资源。[①]

国际上对于网络素养的研究和实践探索也在持续推进。新加坡政府推进网络素养教育的过程中，政府会对网络素养教育进行宏观层面的管理，微观则是将教材编写、教学任务等放手给专业人士和社会团体等承担。美国密苏里州哥伦比亚市的 Lee Elementary School 在网络素养教育的培养目标中提到，要培养儿童具备开放的视野（open）、合作共享的理念（cooperation）、强烈的责任意识（responsibly），通过增强儿童网络实践能力，提升其自我发展能力。

加拿大建立了数字与媒体素养中心（Canada's Center for Digital and Media Literacy，又称 MediaSmarts），自 1996 年以来，MediaSmarts 一直在为加拿大家庭、学校和社区开发数字和媒体素养计划及资源。2015 年，网站发布了"数字素养教育框架"（Digital Literacy Framework），并以此作为从幼儿园到初中阶段的数字素养教育指导标准。2016 年，MediaSmarts 修订了该框架，将高中阶段纳入其中，提出了 K–12（kindergarten through twelfth grade）各个阶段的学生所应具备的数字能力，其中"K–12"是指从幼儿园（Kindergarten，通常 5—6 岁）到十二年级（Grade Twelve，通常 17—18 岁），并进一步明确了数字素养的内涵：数字素养是指学生在数字时代的行为能力，包括使用数字技术进行工作、学习、沟通、消费、获取信息和服务等。加拿大各省推进数字素养教育的政策表明，为了保证数字素养教育与其他课程融合，学校需要明确数字素养融入传统素养的方式，进而规定各个学科中数字素养教育的目标，以推进培养跨课程能力的数字素养融合模式的实施。

芬兰在 2006 年推出了媒介松饼项目（Media Muffin Project）。这一项目是"儿童与媒介计划"的一个具体举措，该项目的目标是利用儿童学前教育阶段以及学龄儿童课间活动来提高媒介素养意识，同时指导家长如何对儿童进行媒介教育。媒介松饼项目强调不限制学习媒介素养的最低年龄，教育者的任务是熟悉儿童的媒介环境，并及时提供安全的媒介经验。

---

① 陈阳，郭玮琪.乡村青少年的数字资本与互联网使用研究 [J]. 新闻大学，2022（08）.

三、网络素养的构成和测评体系

（一）网络素养的构成

2008 年，学者周葆华和陆晔在《从媒介使用到媒介参与：中国公众媒介素养的基本现状》一文中，澄清了关于媒介素养的操作化定义。他们认为，媒介素养由媒介信息处理和媒介参与意向两个维度组成，其中媒介信息处理包含思考、质疑、拒绝和核实四个维度。2013 年，学者彭兰也指出，对于公众来说，社会化媒体时代的媒介素养应该包括媒介使用素养、信息生产素养、信息消费素养、社会交往素养、社会协作素养、社会参与素养等。芮必峰也在新技术"呼喊"新媒介素养中提出，新媒介素养涉及使用者的媒介认知、使用和交往理性三个方面。

随着互联网的进一步发展，网络素养作为重要议题成为被学界探讨的新的媒介素养。关于网络素养的操作化定义和维度划分，也有很多学者提出了不同的看法，网络素养主要是指人们接近、分析、评价和生产网络媒介内容四个方面的能力（Livingstone，2008）。其中，"接近"是指人们通过何种途径以及如何使用网络媒介的能力，包括使用网络媒介的场所、渠道以及使用经验（时间和频次）（Hobbs，R.，1998）。"分析"是指人们收集、处理和理解网络媒介信息的能力（Tibor Koltay，2011）。"评价"是指人们根据已有知识背景，鉴别网络媒介信息真实性的能力，在某种程度上，这一能力是对网络使用者的"赋权"（empowerment），使他们可以能动地处理媒介信息（Livingstone，2008）。"生产网络媒介内容"是指人们分享、制造、传播网络媒介信息的能力（Livingstone & Helsper，2007；Van Dijk，2006）。网络素养四个方面的能力不是此消彼长的，而是相辅相成的（Potter，2010）。

2007 年，台湾学者陈明月提出，网络素养包含认知、技能和情意三个层面，即在认知面，要认识计算机网络的本质及特性；在技能面，要具备使用网络搜寻、处理及传播信息的能力；在情意面，要具备网络伦理的观念，以正确且安全地使用计算机网络[①]。

2010 年，学者 Roman Brandtweiner、Elisabeth Donat、Jonann Kerschbaum 把网络素养划分为两个层面、四个多面的能力，分别是网络技能层面（接近网络和分析自我网络技能的能力）和网络媒介知识层面（评估和生产网络媒介内容的能

---

① 陈明月 . 网路素养教育探讨 [EB/OL]. [2013-05-01]. http://study.naer.edu.tw/UploadFilePath/dissertation/l024-06-15vol024-06-15.pdf.

力）。网络技能作为接触和使用网络的基本能力，影响着人们能否平等地参与网络信息交往；网络媒介知识是人们认知和判断网络环境的能力，作为更高层次的能力，深刻地影响着人们的网络社会行为（Hargittai，2002）。2013 年，美国学者 Howard Rheingold 创造性地将网络素养分为五个层面，即注意力、对垃圾信息的识别能力、参与力、协作力和联网智慧，并认为这五种网络世界的必备素养甚至具有改变世界的力量[①]。2016 年，Stodt B 等认为网络素养主要包括技术专长、反思和批判性分析、生产和互动、自我调节这四个维度[②]。2018 年，Bauer 和 A–hooeil 将网络素养分为三个层级，即责任 (responsibility)：意识、认识、应用；生产力 (productivity)：管理、创作、评估；互动性 (interactivity)：合作、参与、沟通[③]。

近年来，伴随在线交往的深入，人们对隐私性和亲密性的标准进行了重新调整，对网络素养和自身风险的管理提出了新的要求（Sonia Living Stone，2008）。网络隐私作为人们保护和控制自我网络信息的权利，是一种信息自决权；其内涵从消极的"私生活不受干扰"发展为能动的"自我信息控制"（刘德良，2007）。网络素养被认为具有支持、鼓励和赋权人们控制和管理个人信息的能力，这种能力的差异直接影响人们认知网络风险环境的方式以及他们的隐私信息控制行为（Ball & Webster，2003；Yong Jin Park，2013）。所以，网络信息素养和信息安全是网络素养的天然性组成部分。伴随着互联网的持续发展和我国对于互联网环境治理的探索，信息安全（隐私）仅仅是网络中存在的诸多问题之一，网络暴力、群体极化、网络谣言危害程度持续增加等网生问题，使得青少年在网络上面对的风险不止信息安全这一个方面。"如何看待网络规范""了解我国关于互联网的法律吗"等一系列关乎网络伦理道德和法律的知识也应该和信息安全一样被看作网络素养的一个维度。

尚靖君和杨兆山在 2012 年的研究中提出了对网络媒介素养概念的界定，他们认为，网络媒介素养是面对网络时应具备的基本素养，包括四个方面，分别是：网络媒介意识、网络媒介知识、网络媒介能力和网络媒介道德。

韩国学者 Kim 和 Yang 将网络素养分为网络技能素养和网络信息素养两方面，

---

① [美]霍华德·莱茵戈德.网络素养：数字公民、集体智慧和联网的力量[M].张子凌，老卡译.北京：电子工业出版社，2013.

② Stodt B,Wegmann E,Brand M.Predicting dysfunctional Internet use: The role of age, conscientiousness, and Internet literacy in Internet addiction and cyberbullying[J]. International Journal of Cyber Behavior Psychology and Learning, 2016, 6(4).

③ Bauer A T, Ahooei E M. Rearticulating Internet Literacy[J]. Cyberspace Studies, 2018, 2(1).

认为网络技能素养是使用互联网所需要的一系列基本技能，网络信息素养则是个人筛选信息以达到某种需求的能力，包括搜索、收集、理解和评估内容[①]。

2017 年，千龙网将网络素养划分为十项标准，包括网络基本知识能力、网络的特征和功能、高度网络安全意识、网络信息获取能力、网络信息识别能力、网络信息评价能力、网络信息传播能力、创造性地使用网络、坚守网络道德底线和熟悉常规网络法规。

学者们从不同的学科角度和实践经验出发对网络素养进行划分，使得网络素养的构成更加多样化、理论化。李宝敏从心理学角度将网络素养分为知识维、行为维、能力维、情意维。[②] 网络素养的形成过程同时也是促进"知、情、意、行"协调整体发展的过程。

王伟军等基于网络对青少年影响的视角，认为网络素养指的是个体网络生存与发展的综合素质，是个体对网络环境能够正确使用、良好适应、健康发展和探索创新的能力，具体应该包括网络知识，即认知网络环境与应用网络能力的成分；辩证思维，即批判反思辩证对待网络信息和人与网络关系的成分；自我管理，即对自我行为约束和避免网络伤害的成分；自我发展，即应用网络良好发展自我的意识与能力的成分；社会交互，即个人与网络社会交互影响的成分，包含创造与丰富信息、道德规范和他人交往等五部分内容[③]。

林立涛以大学生为对象探究网络素养的内涵和路径，并将网络素养具体分为网络信息甄别能力、网络技术应用水平、网络使用行为习惯、网络道德水平和网络引导能级五个维度[④]，并以此为基础提出开展大学生网络素养教育的具体方法。

（二）网络素养的评价体系

在网络素养的测评方面，国内外学者们对于网络素养的评价方式和标准各有不同，有其侧重研究的方向和评价的角度。

Ngulube 等通过构建起包括互联网使用建议、网络信息资源使用、互联网导航和搜索查询技能、评定互联网信息资源相关性、使用计算机进行沟通协作五个维度的量表来测量南非圣约瑟夫学院学生互联网使用的总体情况和学生的网

---

①　Eun-mee Kim, Soeun Yang. Internet literacy and digital natives' civic engagement: Internet skill literacy or Internet information literacy?[J]. Journal of Youth Studies, 2016, 19(4).

②　李宝敏 . "互联网 +" 时代青少年网络素养发展 [M]. 上海：华东师范大学出版社，2018.

③　王伟军，王玮，郝新秀，等 . 网络时代的核心素养：从信息素养到网络素养 [J]. 图书与情报，2020（04）.

④　林立涛 . 大学生网络素养教育 [M]. 上海：上海交通大学出版社，2023.

络素养[1]。

Lee 等基于 Web1.0、Web2.0 系统梳理了新媒体素养（NML）的概念，并根据这一定义提出了关于网络的功能性消费素养、批判性消费素养、功能性产出素养、批判性产出素养的四个基本框架及具体的操作化定义[2]。

Noh 在研究中使用了由汉阳大学开发的"数字素养评估工具"，将数字素养划分为技术素养、比特素养和虚拟社区素养三大板块，具体包括硬件和工具操作能力、Windows 使用能力、文档编辑和使用工具能力、网络浏览器使用能力、网络沟通能力、信息搜索能力、信息判断能力、信息编辑能力、信息处理能力、信息使用能力、网络社区活动参与能力、网络自我认同形成能力、网络人际关系取得能力、解决网络集体问题能力、网络文化创造能力，并将这份数字素养评价指标应用于对于大学生网络素养的评价[3]。

Benjamin Stodt 等提出了网络素养的四维概念，并开发出网络素养问卷（ILQ），从处理计算机和互联网应用程序专长、生成和互动互联网内容、反思和批判性分析互联网活动以及自我调节互联网影响这四个维度来测试个人的网络素养[4]。

吴晓伟等设计了大学生网络信息素养能力量表，共包括 31 个题项，将网络素养能力标准初步设计为信息意识、信息技能（需求能力、获取能力、评价能力、组织管理与交流能力）、信息应用与创造、信息安全与道德共四个方面[5]。

李宝敏开发出儿童网络素养调查问卷，问卷分别从知识、能力、情意、行为四要素出发，调查儿童的网络素养认知、核心能力、外在网络行为以及情感态度与价值观[6]。

---

[1] Ngulube, P., Shezi, M.S., & Leach, A.. Exploring network literacy among students of St. Joseph's Theological Institute in South Africa[J]. South African Journal of Libraries and Information Science, 2014(75).

[2] Lee, L., Chen, D.-T., Li, J.-Y., & Lin, T.-B.. Understanding new media literacy: The development of a measuring instrument[J]. Computers & Education, 2015(85).

[3] Noh, Y.. A study on the effect of digital literacy on information use behavior[J]. Journal of Librarianship and Information Science, 2016, 49(1).

[4] Stodt B, Wegmann E, Brand M.Predicting dysfunctional Internet use: The role of age, conscientiousness, and Internet literacy in Internet addiction and cyberbullying[J]. International Journal of Cyber Behavior, Psychology and Learning, 2016, 6(4).

[5] 吴晓伟，娜日，李丹 . 大学生网络信息素养能力量表设计研究 [J]. 情报理论与实践，2009，32（12）.

[6] 李宝敏 . 儿童网络素养现状调查分析与教育建议——以上海市六所学校的抽样调查为例 [J]. 全球教育展望，2013，42（06）.

　　田丽等从认知、观念和行为三个层次出发，将网络素养分为信息素养、媒介素养、交往素养、数字素养、公民素养和空间素养六个方面[①]，据此开发出具有 24 个题项的量表展开调查研究。

　　经过多年的实际调查和数据总结，北师大方增泉团队将网络媒介知识、网络能力、非意识因素作为青少年网络素养的重要组成部分，非意识因素包含意识和道德两个方面。对于网络媒介知识的考察，可以借由媒介素养的操作化定义到网络素养定义的发展，一方面把对网络内容的效果评价作为衡量维度之一；另一方面，网络媒介知识作为认知和判断网络环境的能力，是人们对上网环境和自身上网行为的认知基础。所以，我们在调查中引入媒介效果评估这一维度，以测量青少年的网络媒介知识。在网络技能方面，我们侧重于对网络信息能力的测量。网络信息安全、网络道德作为两个维度，既对青少年认知网络环境、相关认知水平、伦理道德进行考察，又对他们的网络行为进行研究，例如网络隐私和信息保护行为等。

　　另外，荣姗姗于 2007 年的《安徽高校学生网络素养现状及其教育实践探究》中指出，对上网行为的自我管理能力，即对自身上网行为的自律，包括上网时间的自我管理、信息选择的自我管理、网络表现的自我管理，将有助于约束上网行为、减少行为偏差、培养正确的网络使用习惯。学者肖立新、陈新亮、张晓星在针对大学生网络素养的研究中也认为，网络自我管理能力是网络素养的组成部分。结合多年来调查的对象及多个实证研究来看，在使用网络的过程中，部分学生缺乏网络自我管理能力，很多人没意识到网络自控力的重要性，网络行为自我管理能力普遍较差。据此可以引入网上自我管理能力作为青少年网络素养的组成部分之一，主要测量被试者的网上认知、情感和行为的自我管理和控制能力，这部分也是网络素养测评量表的第一部分。

　　随着社交网络的兴起，网上交友和在网上开展社交活动逐步成为青少年主要的上网目的。共青团中央维护青少年权益部、中国互联网络信息中心（CNNIC）联合发布的《2019 年全国未成年人互联网使用情况研究报告》显示，利用即时通信工具在网上聊天是未成年网民主要的网上社交活动，各学历段对比发现，未成年人的网上社交活动主要形成于初中阶段。结合有关学者的研究结果——印象管

[①]　田丽，张华麟，李哲哲 . 学校因素对未成年人网络素养的影响研究 [J]. 信息资源管理学报，2021，11（04）.

理是辨别青少年网络社交成迷的重要变量，我们可以在广义上把印象管理能力纳入网络素养的范畴。因此，我们可以假设，适度的网络印象管理能力是高水平的网络素养的体现，印象管理与自我控制、信息素养及价值认知等共同作用于青少年的网络素养水平。

综上所述，基于认知行为理论和调查研究，方增泉课题组首创了青少年Sea-ism网络素养框架，将青少年网络素养分为上网注意力管理能力与目标定位（Online attention management）、网络信息搜索与利用能力（Ability to search and utilize network information）、网络信息分析与评价能力（Ability to evaluate network information）、网络印象管理能力（Ability of network impression management）、网络安全与隐私保护能力（Ability of network security）、网络价值认知和行为能力（Ability of Internet morality）六个表现维度进行调研。该模型共16个指标，通过87个题项进行测量。

四、网络素养的影响因素

对于"网络素养"影响因素，目前学界的主流观点认为包含五大因素，即个体因素、家庭因素、学校因素、政府因素和社会因素，以下是对五种影响因素的详细介绍。

（一）个体因素

诸多学者认为学生在性别、年龄、受教育程度、社会背景等方面的人口统计学差异，会对其网络素养产生一定的影响。黄永宜认为，当代大学生已经把网络媒介当作获取信息的主要来源，每个人的知识储备、社会背景因素以及对不同事物的理解能力上的差异，导致大学生对于不同媒介信息的辨别能力存在一定的差异[①]。周葆华、陆晔通过实证调查分析后发现，中国公众的媒介知识水平整体较低且存在差异，差异具体表现为：男性的媒介知识水平要高于女性；年轻人的媒介知识储备要比老年人高；受教育程度越高，掌握的媒介知识越多[②]。杨浩项目组通过对东部地区某省市的初中生进行调查后发现，高年级学生信息素养总分显著高

---

① 黄永宜.浅论大学生的网络媒介素养教育 [J].新闻界，2007（3）.
② 周葆华，陆晔.中国公众媒介知识水平及其影响因素——对媒介素养一个重要维度的实证分析 [J].新闻记者，2009（5）.

于低年级学生，城镇学生信息素养总分显著高于农村学生。[①]田丰、王璐通过在全国范围内开展关于青少年网络技能素养的问卷调查并经数据分析，发现网络技能素养的发展与青少年自身生理、心理成熟的规律较为接近，都是随年龄和教育共同增长的。[②]

个体所处的社会背景，特别是城乡差异、东西部区域差异，也会对青少年的网络素养水平高低产生影响。如郝辰宇通过对城市及农村的青少年进行深度访谈与问卷调查，分析了二元体制下城乡青少年网络使用情况及网络媒介素养的异同，发现城乡青少年在资讯评估能力、网络使用能力上存在显著差异。[③]路鹏程、骆昊等人通过调查分析后发现，城乡青少年媒介素养的最大落差在于客观层面，即媒介接触和媒介使用层面[④]。郑素侠在实证工作的基础上，发现电视成为多数留守儿童接触的唯一媒介（其次是网络），大众传媒并未在农村留守儿童身上充分发挥信息传递和社会认知的作用，而更多地以情感慰藉的工具存在。[⑤]

（二）家庭因素

家庭因素同样对青少年的媒介素养水平有着深刻的影响，学界的考察集中在父母受教育程度、父母的职业、父母与孩子的沟通方式、家庭的经济状况、家庭的网络媒介环境、家庭关系、家庭网络生活规范等方面。

韩璐认为影响青少年媒介素养的家庭环境因素可分为五个维度，分别为：（1）父母受教育程度对青少年的媒介素养水平有显著影响，父母的受教育程度越高，孩子的媒介素养也相应越高；（2）亲子间的沟通方式对青少年媒介素养水平有显著影响，"一致型"和"多元型"家庭沟通模式下的青少年媒介素养得分要高于"保护型"和"放任型"的家庭；（3）建立合理的家庭网络生活规范，会提高青少年的媒介素养水平；（4）家庭氛围越和谐，青少年的媒介素养水平越高；（5）亲子之间的关系越平等，青少年的媒介素养水平越高[⑥]。陈晨同样认为，亲

① 杨浩，韦怡彤，石映辉，汪仕梦. 中学生信息素养水平及其影响因素研究——基于学生个体的视角 [J]. 中国电化教育，2018（08）.

② 田丰，王璐. 中国青少年网络技能素养状况研究 [J]. 中国青年社会科学，2020，39（06）.

③ 郝辰宇. 城乡青少年网络媒介素养的比较研究——以商丘地区为例 [J]. 新闻爱好者，2010（18）.

④ 路鹏程，骆昊，王敏晨，付三军. 我国中部城乡青少年媒介素养比较研究——以湖北省武汉市、红安县两地为例 [J]. 新闻与传播研究，2007（3）.

⑤ 郑素侠. 农村留守儿童媒介使用与媒介素养现状研究 [J]. 郑州大学学报（哲学社会科学版），2012，45（02）.

⑥ 韩璐. 自媒体环境下青少年媒介素养家庭影响因素的实证研究 [D]. 南京：南京邮电大学，2016.

子关系融洽的个体网络素养更高，良好的家庭关系能够正确引导青少年合理使用网络。[①]

王贵斌、于杨在分析 Web of Science 中 2007—2017 年发表的 444 篇互联网媒介素养研究论文后发现，青少年的媒介素养在很大程度上由他们的出身所决定，也就是家长的受教育程度扮演关键性要素。[②]Lynn 认为，互联网时代下，家长中介理论需要进一步分析和探究。[③]

王倩课题组则看到了家庭媒介条件差异对子女媒介素养的影响，并提出了影响儿童媒介接触与使用的三个家庭因素：（1）家庭拥有媒介的种类及数量；（2）父母的媒介使用习惯与媒介素养水平；（3）父母对子女媒介行为的指导和参与情况[④]。

江宇通过调查研究分析指出，家庭社会经济背景和家庭传播环境也会影响青少年的媒介素养水平，而且由家庭社会经济背景、家庭传播环境等结构因素带来的媒介素养水平差距会在代内和代际间"重现"[⑤]。卜卫指出，家庭关系与儿童的媒介素养有一定关系，她通过调查后发现，家庭关系与儿童使用电子游戏机的需要显著相关，家庭关系越不好，儿童越依赖电子游戏机以取得心理上的满足，放松自己[⑥]。

刘卫琴认为在家庭因素中，父母对孩子的媒体接触行为的态度直接影响孩子的媒介素养水平，如果父母对孩子的媒介接触行为持粗暴的禁止或限制，则孩子媒介素养较低；而对孩子的媒体接触行为持开放和引导态度的家庭，孩子的媒介素养相对较高。父母经常了解孩子的媒体行为并与孩子讨论看到的媒介信息的家庭，孩子的媒介素养水平相对较高[⑦]。

（三）学校因素

学校教育是媒介素养教育的基础和关键，没有一种教育方式可以与学校系统

---

① 陈晨. 亲子关系对青少年网络素养的影响 [J]. 当代青年研究，2017（03）.

② 王贵斌，于杨. 国际互联网媒介素养研究知识图谱 [J]. 现代传播（中国传媒大学学报），2018，40（07）.

③ Lynn SC. Parental Mediation Theory for the Digital Age[J]. Communication Theory, 2011,21(4).

④ 王倩，李昕言. 儿童媒介接触与使用中的家庭因素研究 [J]. 当代传播（汉文版），2012（2）.

⑤ 江宇. 家庭社会化视角下媒介素养影响因素研究 [D]. 北京：中国传媒大学，2008.

⑥ 卜卫. 关于儿童媒介需要的研究——以电视、书籍、电子游戏机为例 [J]. 新闻与传播研究，1996（3）.

⑦ 刘卫琴. 初中生媒介素养及媒介素养教育研究 [D]. 苏州：苏州大学，2015.

化、规模化、正规化的教育方式相提并论。

在 20 世纪 70 年代，美国的加利福尼亚、夏威夷、纽约等州就将媒介素养教育纳入 1—9 年级的课程体系之中，或以独立课程的形式开设，或将媒介知识融进相关课程之中①。刘卫琴认为，学校的媒介条件、教师的媒介素养等均与学生的媒介素养存在显著的正相关关系，学校的媒介条件越好，教师在课堂上使用多媒体课件进行教学越频繁，学生的媒介素养就越高②。

一些学者发现，学校开设信息技术课的情况在一定程度上会影响学生的媒介素养。杜海钰通过调查后发现，信息技术课会影响学生的媒介素养，上信息技术课时间越长的学生，信息素养水平越高③。Kohnen 等学者制定并评估了一项短期学校干预课程的效果，发现 8 年级学生经过课程研讨会干预后提高了对陌生网站可信度的评估能力。他们认为基于策略和技能的素养教育是有希望的，但必须与互联网的结构和在线来源的基本知识相匹配。④

田丽等进行了全国范围内的问卷调查，结果显示，教师对学生使用网络的态度、教授使用网络和自身网络使用行为，在很大程度上引导了未成年人使用网络，进而影响了未成年人网络素养水平。⑤

郭旭魁、马萍分析问卷调查结果后发现，城市中小学生媒介素养教育中，学校教育效果比较显著，学校在"信息技术"方面的课程有力地促进了城市中小学生的新媒介参与。⑥

此外，韩璐认为，学校推行的应试教育政策在一定程度上会影响媒介素养教育在我国的发展。应试教育更注重学生对知识点的记忆，而忽视学生对信息检索和筛选的能力；只注重教授相应的考试内容，而忽视考试以外的知识，从而在一

①　陈晓慧，袁磊. 美国中小学媒介素养教育的现状及启示 [J]. 中国电化教育，2010（9）.

②　刘卫琴. 初中生媒介素养及媒介素养教育研究 [D]. 苏州：苏州大学，2015.

③　杜海钰. 初中生信息素养水平现状调查与影响因素分析 [D]. 内蒙古师范大学，2014.

④　Kohnen, A. M., Mertens, G. E., & Boehm, S. M. (2020). Can middle schoolers learn to read the web like experts? Possibilities and limits of a strategy-based intervention[J]. Journal of Media Literacy Education, 12(2), 64–79.

⑤　田丽，张华麟，李哲哲. 学校因素对未成年人网络素养的影响研究 [J]. 信息资源管理学报，2021，11（04）.

⑥　郭旭魁，马萍. 城市中小学生新媒介素养对其网络参与的影响 [J]. 山西大同大学学报（社会科学版），2020，34（06）.

定程度上制约了媒介素养教育的实施[①]。

（四）政府因素

家庭因素、学校因素深刻影响着学生媒介素养水平，政府的重视和支持也是一个国家媒介素养教育长足发展的保证。2003 年，英国政府设置国家通讯管理局（OFCOM）负责管理英国的传媒业，确保英国范围内播放高质量的电视和广播节目内容；还和英国教育部合作，以确保有效地推动媒介素养教育的开展，提高英国公民的媒介素养[②]。

然而，Richard Wallis 和 David Buckingham 指出，自 OFCOM 成立以来，媒介素养教育领域已发生了一些显著的变化，但一些关键概念的混乱和不确定性依然存在，例如媒介素养的定义、OFCOM 的职权范围和定位、政策的推行方式等；当前英国的媒介素养教育仍只是保护青少年群体免受不良文化的侵害，没有实现更广泛的教育目的和推动社会民主的愿望，并未以学校课程等形式确定媒介素养教育推行的方式[③]。

德国科隆"青年电影俱乐部"（JFC）媒体中心通过开展多种以影视广播、电脑网络、多媒体等媒介为载体的项目和活动，丰富青少年课余生活，以达到提高青少年媒介素养水平的目的。它运作和发展的基本经费主要来自科隆市政府民政教育局以及北威州州政府青少年发展部，此外还有北威州媒体机构、劳动局和公共服务部门提供的硬件场地支持[④]。

新加坡政府则通过各种有效途径，鼓励政府部门、传媒企业以及社会公益组织等开展各类针对青少年的网络素养教育活动和培训项目，以提升青少年网络素养和网络安全意识。新加坡的主要传媒企业都与政府有着较为密切的关系，这些企业根据政府的相关规定，开展行业自律，积极参与到提升青少年网络素养行动之中[⑤]。

---

① 韩璐 . 自媒体环境下青少年媒介素养家庭影响因素的实证研究 [D]. 南京 : 南京邮电大学，2016.

② 郭铮 . 英国青少年媒介素养教育的实践与启示 [D]. 郑州 : 郑州大学，2014.

③ Wallis R, Buckingham D. Arming the citizen-consumer: The invention of media literacy within UK communications policy[J]. European Journal of Communication, 2013,28(5).

④ 柳珊，朱璇 . "批判型受众"的培养——德国青少年媒介批判能力培养的传统、实践与理论范式 [J]. 新闻大学，2008（03）.

⑤ 耿益群 . 新加坡网络舆情治理特色 : 重视提升民众的网络素养 [J]. 中国广播电视学刊，2020（09）.

相比之下，国内学界对于政府在青少年媒介素养教育中该扮演什么样的角色、发挥何种力量的具体研究还比较少，这与当前国内对青少年媒介素养教育还不够重视有很大的关系。季为民指出，政府出台的关于提升青少年网络素质教育的各项政策和措施仍处于推广和普及阶段，目前尚存在青少年网络素养水平衡量的测评体系缺失、相关政策和保障监管机制不完善的问题。①

但在 2007 年举办的首届西湖媒介素养高峰论坛上，国内学者已提出，党政领导者理应使政府议程、公共议程、媒介议程更好地统一起来，更好地服务于公众、服务于社会。②政府出台相关政策要求将信息化贯彻到教育各个方面，以指导和培养教师的信息素养。③这将与前文提到的学校教育有所承接，教师信息素养的提高与培育青少年网络素养有关。

相关的探索与实践出现了不错的成果。2019 年 3 月 19 日，由广东省网信办、广东省教育厅、广东省总工会、团省委、广东省妇联等单位联合印发的《2019 年争做中国好网民工程工作方案》中，专门将"开展少年儿童网络素养教育进校园、进家庭活动，推进网络素养教材修订、数字化应用和教师全员轮训及家庭教育工作，把网络素养教育纳入中小学课程体系和教师信息能力提升工程培训体系，切实提升师生和家长的网络素养水平"纳入其中，明确了网络素养教育作为公共教育课程在广东省范围内大力推广普及的实施路径和方法。2016 年底，以"做中国好网民"为主题的小学生教育读本经该省教育厅审定被列入省地方课程教材，成为国内首本进入我国公共教育体系的本领域专题教材，受到了师生和家长的广泛好评。④

（五）社会因素

面对复杂的网络环境，网民尤其是青少年网民的媒介素养教育问题亟待解决。然而，媒介素养教育绝非靠一家之力就可完成，它需要社会各界力量的共同努力。

蔡珊珊提出，学校与社会的双边良性互动有助于推动青少年网络素养教育，社会的优质资源可助推青少年网络媒介素养教育的发展，主要包括：增强网络精

---

① 季为民.互联网媒体与青少年——基于近十年中国青少年互联网媒体使用调查的研究报告 [J].青年记者，2019（25）.

② 彭少健，宣德.中国转型期媒介素养培育——"首届（2007）西湖媒介素养高峰论坛"综述 [J].中国广播电视学刊，2007（05）.

③ 洪雨.中小学教师信息素养及其评价标准制定原则 [J].教育教学论坛，2016（29）.

④ 张海波.广东省中小学生网络安全及媒介素养教育研究和探索实践 [J].中国信息安全，2019（10）.

英文化和优秀文化的影响；充分利用社会机构实施网络素养教育；扩展校外资源开发渠道，推动校外校内资源整合。①

朱顺慈通过与来自 4 个不同领域的 10 位专家进行深度访谈以及参加 3 个网络安全学术论坛后提出，儿科专家可以通过临床实践观察青少年的心理健康；社会工作者可以关注青少年通过接触风险（被欺负、骚扰、跟踪或和陌生网友见面）和参与风险活动（参与网络欺凌、违反法律、创建色情等有问题的内容、援交、分享毒品信息）而出现的价值观的混乱；IT 专家可以思考云技术发展导致的一切信息都可以被检索和追溯所带来的隐私权问题；教师担心网络监测技术的运用，这催生了社交媒体中沉默螺旋的产生，即学生不敢实名在互联网上发表不同的意见，因而转回匿名网络攻击的形式，最终威胁到言论自由②。

此外，社会教育机构在进行调研、提出切实可行的方案并实施方面发挥着重要作用。媒介素养的教育设计需要媒体学者和青少年专家交流合作，建设"教育性的社交网络"，鼓励年轻人提高道德上的警觉和网络互动中的社会意识。Jon Dornaleteche-Ruiz 等学者考察了不同性别、不同年龄段、不同知识水平的西班牙公民在数字工具使用上的媒介素养差异，建议学术机构应设计具体的方案，缩小代际数字鸿沟，从青年时期就通过加强技术水平等方式赋权给女性，在网络上为全体公民提供有建设性的内容③。

① 蔡珊珊.学校与社会双边互动助推青少年网络媒介素养教育 [J]. 基础教育论坛，2019（35）.

② Chu D. Internet risks and expert views: a case study of the insider perspectives of youth workers in Hong Kong[J]. Information Communication & Society, 2016,11(1).

③ Dornaleteche-Ruiz Jon, Buitrago-Alonso Alejandro, Moreno-Cardenal.Categorization, Item Selection and Implementation of an Online Digital Literacy Test as Media Literacy Indicator[J]. Comunicar, 2015,22(44).

第一章

大学生网络素养信效度检验

本调研使用上网注意力管理能力、网络信息搜索与利用能力、网络信息分析与评价能力、网络印象管理能力、网络安全与隐私保护能力、网络价值认知和行为能力六大维度测量大学生网络素养。网络素养整体的克隆巴赫 Alpha 系数为 0.958，大于 0.7，信度较好（见表 1-1）。巴特利特球形度检验的显著性为 0.000，小于 0.05，说明相关系数的矩阵与单位矩阵具有显著性差异；KMO 值为 0.976，大于 0.6，得出变量具有较好的研究效度（见表 1-2）。网络素养六个主成分累积方差贡献率为 57.076%，能较好代表网络素养（见表 1-3）。

表 1-1　网络素养可靠性分析

维度	克隆巴赫 Alpha	项数
网络素养	0.958	85

表 1-2　网络素养 KMO 和巴特利特检验

KMO 取样适切性量数		0.976
巴特利特球形度检验	近似卡方	521723.018
	自由度	3570
	显著性	0.000

表 1-3　网络素养主成分分析

总方差解释						
主成分	初始特征值			提取载荷平方和		
	总计	方差百分比	累积%	总计	方差百分比	累积%
1	25.048	29.468	29.468	25.048	29.468	29.468
2	10.584	12.451	41.919	10.584	12.451	41.919
3	4.683	5.509	47.429	4.683	5.509	47.429
4	3.756	4.419	51.847	3.756	4.419	51.847
5	2.422	2.850	54.697	2.422	2.850	54.697
6	2.022	2.378	57.076	2.022	2.378	57.076

一、上网注意力管理能力信效度检验

上网注意力管理能力的克隆巴赫 Alpha 系数为 0.788，且一级指标网络使用认知、网络情感控制和网络行为控制的克隆巴赫 Alpha 系数均大于 0.6，信度较好（见表 1-4）。巴特利特球形度检验的显著性为 0.000，小于 0.05，说明相关系数的矩阵与单位矩阵具有显著性差异；KMO 的值为 0.882，大于 0.6，得出变量具有较好的研究效度（见表 1-5）。上网注意力管理能力三个主成分累积方差贡献率为 61.863%，能较好反映上网注意力管理能力情况。

表 1-4　上网注意力管理能力可靠性分析

可靠性分析			
维度	指标	克隆巴赫 Alpha	项数
上网注意力管理能力	总体	0.788	14
	网络使用认知	0.873	6
	网络情感控制	0.842	5
	网络行为控制	0.603	3

表 1-5　上网注意力管理能力 KMO 和巴特利特检验

KMO 取样适切性量数		0.882
巴特利特球形度检验	近似卡方	46671.366
	自由度	91
	显著性	0.000

二、网络信息搜索与利用能力信效度检验

网络信息搜索与利用能力的克隆巴赫 Alpha 系数为 0.952，且一级指标信息搜索与分辨、信息保存与利用的克隆巴赫 Alpha 系数均大于 0.7，信度较好（见表 1-6）。巴特利特球形度检验的显著性为 0.000，小于 0.05，说明相关系数的矩阵与单位矩阵具有显著性差异；KMO 的值为 0.965，大于 0.6，得出变量具有较好的研究效度（见表 1-7）。网络信息搜索与利用能力两个主成分累积方差贡献率为 71.675%，能较好反映网络信息搜索与利用能力情况。

表 1-6　网络信息搜索与利用能力可靠性分析

可靠性分析			
维度	指标	克隆巴赫 Alpha	项数
网络信息搜索与利用能力	总体	0.952	12
	信息搜索与分辨	0.929	7
	信息保存与利用	0.884	5

表 1-7　网络信息搜索与利用能力 KMO 和巴特利特检验

KMO 取样适切性量数		0.965
巴特利特球形度检验	近似卡方	76723.469
	自由度	66
	显著性	0.000

三、网络信息分析与评价能力信效度检验

网络信息分析与评价能力的克隆巴赫 Alpha 系数为 0.747，且一级指标对信息的认知和行动、对信息的辨析和批判的克隆巴赫 Alpha 系数均大于 0.7，信度较好（见表 1-8）。巴特利特球形度检验的显著性为 0.000，小于 0.05，说明相关系数的矩阵与单位矩阵具有显著性差异；KMO 的值为 0.877，大于 0.6，得出变量具有较好的研究效度（见表 1-9）。网络信息分析与评价能力两个主成分累积方差贡献率为 60.915%，能较好反映网络信息分析与评价能力情况。

表 1-8 网络信息分析与评价能力可靠性分析

可靠性分析			
维度	指标	克隆巴赫 Alpha	项数
网络信息分析与评价能力	总体	0.747	9
	对网络的主动认识和行动	0.778	3
	对信息的辨析和批判	0.896	6

表 1-9 网络信息分析与评价能力 KMO 和巴特利特检验

KMO 取样适切性量数		0.877
巴特利特球形度检验	近似卡方	49790.466
	自由度	66
	显著性	0.000

四、网络印象管理能力信效度检验

网络印象管理能力的克隆巴赫 Alpha 系数为 0.912，且一级指标迎合他人、社交互动、自我宣传、形象期望的克隆巴赫 Alpha 系数均大于 0.7，信度较好（见表 1-10）。巴特利特球形度检验的显著性为 0.000，小于 0.05，说明相关系数的矩阵与单位矩阵具有显著性差异；KMO 的值为 0.925，大于 0.6，得出变量具有较好的研究效度（见表 1-11）。网络印象管理能力四个主成分累积方差贡献率为 69.769%，能较好反映网络印象管理能力情况。

表 1-10 网络印象管理能力可靠性分析

可靠性分析			
维度	指标	克隆巴赫 Alpha	项数
网络印象管理能力	总体	0.912	14
	迎合他人	0.773	3
	社交互动	0.805	4
	自我宣传	0.731	3
	形象期望	0.792	4

表 1-11　网络印象管理能力 KMO 和巴特利特检验

KMO 取样适切性量数		0.925
巴特利特球形度检验	近似卡方	57353.393
	自由度	91
	显著性	0.000

五、网络安全与隐私保护能力信效度检验

网络安全与隐私保护能力的克隆巴赫 Alpha 系数为 0.967，且一级指标安全感知及隐私关注、安全行为及隐私保护的克隆巴赫 Alpha 系数均大于 0.7，信度较好（见表 1-12）。巴特利特球形度检验的显著性为 0.000，小于 0.05，说明相关系数的矩阵与单位矩阵具有显著性差异；KMO 的值为 0.965，大于 0.6，得出变量具有较好的研究效度（见表 1-13）。网络安全与隐私保护能力两个主成分累积方差贡献率为 72.45%，能较好反映网络安全与隐私保护能力情况。

表 1-12　网络安全与隐私保护能力可靠性分析

可靠性分析			
维度	指标	克隆巴赫 Alpha	项数
网络安全 与隐私保护能力	总体	0.967	18
	安全感知及隐私关注	0.962	11
	安全行为及隐私保护	0.926	7

表 1-13　网络安全与隐私保护能力 KMO 和巴特利特检验

KMO 取样适切性量数		0.965
巴特利特球形度检验	近似卡方	148620.000
	自由度	153
	显著性	0.000

六、网络价值认知和行为能力信效度检验

网络价值认知和行为能力的克隆巴赫 Alpha 系数为 0.922，且一级指标网络规范认知、网络暴力认知、网络行为规范的克隆巴赫 Alpha 系数均大于 0.7，信度较好（见表 1-14）。巴特利特球形度检验的显著性为 0.000，小于 0.05，说明相关系

数的矩阵与单位矩阵具有显著性差异；KMO 的值为 0.928，大于 0.6，得出变量具有较好的研究效度（见表 1–15）。网络价值认知和行为能力三个主成分累积方差贡献率为 72.267%，能较好反映网络价值认知和行为能力情况。

表 1–14　网络价值认知和行为能力可靠性分析

可靠性分析			
维度	指标	克隆巴赫 Alpha	项数
网络价值认知和行为能力	总体	0.922	17
	网络规范认知	0.918	6
	网络暴力认知	0.939	7
	网络行为规范	0.777	4

表 1–15　网络价值认知和行为能力 KMO 和巴特利特检验

KMO 取样适切性量数		0.928
巴特利特球形度检验	近似卡方	112893.213
	自由度	136
	显著性	0.000

第二章

样本情况分析

参与本次问卷调查的大学生的基本情况如图 2-1 中所示。根据数据统计结果，调查样本总体为 7904 人，男生样本数 2311 人，占比 29.2%；女生样本数 5593 人，占比 70.8%。

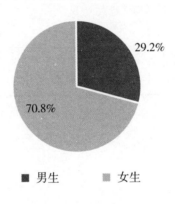

图 2-1　样本男女性别比例

一、专业分布

从专业分布来看，文史类专业样本 3530 人，占比 44.7%；理工类专业样本 2371 人，占比 30.0%；艺术类专业样本 1248 人，占比 15.8%；其他类 755 人，占比 9.6%。如图 2-2 所示。

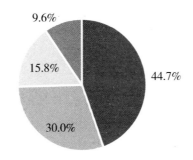

图 2-2　样本不同专业比例统计

二、户口类型

分户口类型统计，城市户口学生占比 54.8%，农村户口学生占比 45.2%。

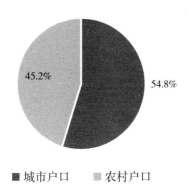

图 2-3　样本不同户口类型比例统计

三、年级构成

在年级构成上来看，大一占比 33.7%，大二占比 20.4%，大三占比 13.5%，大四占比 9.8%，研一占比 7.7%，研二占比 5.9%，研三占比 4.5%，博士生占比 3.6%。

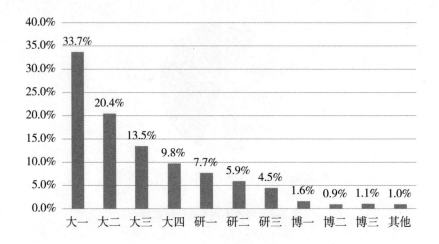

图 2-4　不同年级情况统计

四、上网时长

对大学生的上网时长进行统计，68.4% 的大学生日均上网时长在 3—8 小时，12.7% 的大学生每天上网时间超过 8 小时，另外有 2.3% 的大学生每日上网时长不足 1 小时。

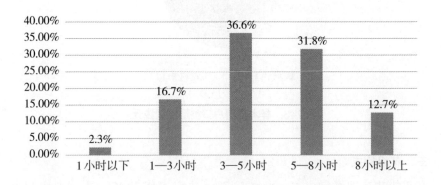

图 2-5　样本日均上网时长情况统计

五、网络发布内容熟练度

在网络发布内容熟练度统计中，75.4% 的大学生都可以熟练地在网络上发布内容，整体平均分达 4.12 分（满分 5 分），有 3.3% 的大学生表示不能熟练操作。

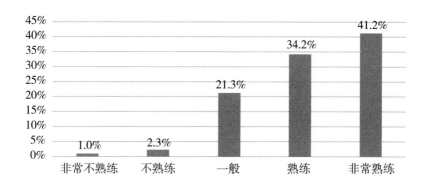

图 2-6 样本网络使用熟练度情况统计

六、上网设备

在拥有的上网设备统计中，拥有手机的大学生人数最多，占比达到 98.5%，拥有电脑和平板电脑的人数分别为第二、第三，占比分别为 90.3% 与 55.2%。

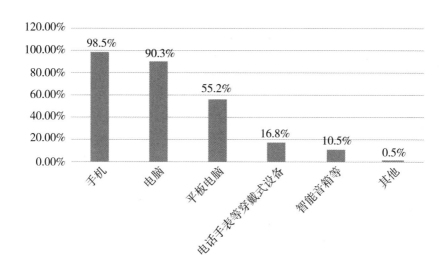

图 2-7 大学生上网设备拥有比例（多选）

对大学生网络使用情况进行统计，手机是当代大学生使用最多的媒介设备，95.3% 的大学生经常使用手机来获取信息，其次为电脑，占比 75.9%。

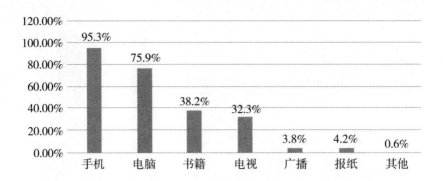

图 2-8　大学生常用媒介设备比例（多选）

七、信息获取渠道

在获取网络信息或者内容的渠道上，98.3% 的学生使用社交平台（比如微博、QQ、小红书、微信等）作为自己最常用的网络信息或者内容的搜索工具；其次为音视频平台（比如 B 站、抖音、快手）等，比例为 72.9%；再次才为浏览器和生活服务平台，分别为 67.1% 和 66.4%。

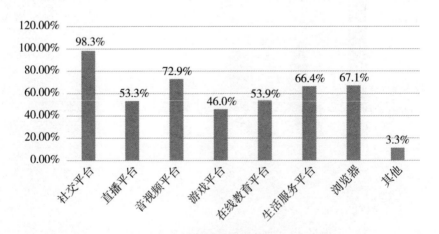

图 2-9　大学生获取网络信息渠道比例（排序）

表 2-1　全国大学生有效样本情况统计表

变量	变量分类	样本数	比例
性别	男	2311	29.2%
	女	5593	70.8%
年级	大一	2663	33.7%
	大二	1616	20.4%
	大三	1064	13.5%
	大四	771	9.8%
	研一	607	7.7%
	研二	468	5.9%
	研三	352	4.5%
	博士	287	3.6%
	其他	76	1.0%
户口	城市	4331	54.8%
	农村	3573	45.2%
地区	东部地区	3625	45.9%
	中部地区	2224	26.0%
	西部地区	2055	28.1%
专业	文史类	3530	44.7%
	理工类	2371	30.0%
	艺术类	1248	15.8%
	其他类	755	9.6%
日均上网时长	1 小时以下	180	2.3%
	1—3 小时	1321	16.7%
	3—5 小时	2891	36.6%
	5—8 小时	2512	31.8%
	8 小时以上	1000	12.7%
网络发布熟练度	非常不熟练	78	1.0%
	不熟练	181	2.3%
	一般	1684	21.3%
	熟练	2702	34.2%
	非常熟练	3259	41.2%

第三章

量表得分及个人、家庭、学校对大学生网络素养的影响

根据统计结果，全国大学生的网络素养整体平均分为 3.67 分，其中上网注意力管理均分 3.45 分，网络信息搜索与利用均分 3.66 分，网络信息分析与评价均分 3.62 分，网络印象管理均分 3.36 分，网络安全与隐私保护均分 3.81 分，网络价值认知和行为均分 3.85 分。

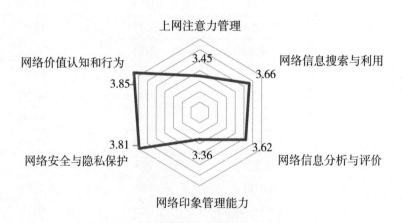

图 3-1　大学生在网络素养六个维度的得分

回归模型显示，大学生个人属性中的性别、所属地区、专业、年级、不同户口、网络技能熟练程度、每日平均上网时长，家庭属性中的家庭收入水平、与父母讨论网络内容频率、与父母的亲密程度、家庭关系融洽度，学校属性中的网络素养课程收获度、与同学讨论网络内容频率、上课使用手机频率等因素对大学生的网络素养具有显著的影响。而父母亲的最高学历、父母的上网习惯、上课期间使用手机对学习的影响认知度等因素对大学生的网络素养没有显著的影响。

表3-1 大学生综合网络素养回归模型

	模型1	模型2	模型3
性别（男=1）	0.126***	0.122***	0.117***
地区（东部地区=1）	−0.161***	−0.141***	−0.140***
专业（文史类=1）	−0.102***	−0.103***	−0.101***
年级	0.014	0.018	0.027*
户口（城市=1）	−0.094***	−0.071***	−0.070***
网络技能使用熟练度	0.169***	0.157***	0.140***
每日平均上网时长	0.020	0.025*	0.031**
父亲学历		0.002	0.001
母亲学历		0.019	0.020
家庭收入		0.024*	0.023*
与父母讨论网络内容频率		−0.051***	−0.065***
与父母的亲密程度		0.081***	0.071***
家庭关系融洽度		0.146***	0.142***
父母上网习惯		0.014	0.009
网络素养课程收获度			−0.025*
与同学讨论网络内容频率			0.101***
上课使用手机频率			−0.070***
上课使用手机对学习影响度认知			−0.009
调整后R2	12.40%	15.60%	16.90%
Sig.值	0.000	0.000	0.000

一、个人维度的分析

（一）性别

男生和女生的网络素养具有显著差异，女生的网络素养相对更好。

表3-2 不同性别大学生网络素养得分

	总计（n=7904）	男生（n=2311）	女生（n=5593）	F	p
网络素养	3.67（0.439）	3.56（0.453）	3.72（0.424）	222.220	0.000

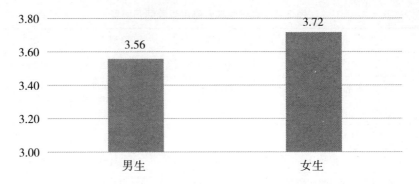

图 3-2　不同性别大学生网络素养得分

（二）户口

不同户口的大学生网络素养有显著差异，具体表现为城市户口的大学生网络素养显著高于农村户口的大学生。

表 3-3　不同户口大学生网络素养得分

	总计 （n=7904）	城市户口 （n=4331）	农村户口 （n=3573）	F	p
网络素养	3.67（0.439）	3.74（0.436）	3.58（0.427）	266.165	0.000

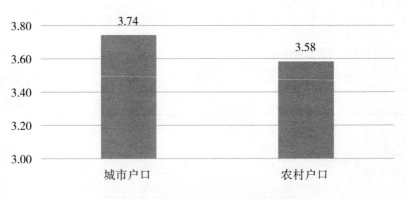

图 3-3　不同户口大学生网络素养得分

（三）地区

不同地区的大学生网络素养水平存在显著差异，其中东部地区大学生网络素养最高，西部地区大学生最低。

表 3-4 不同地区大学生网络素养得分

	总计 （n=7904）	东部地区 （n=3625）	中部地区 （n=2224）	西部地区 （n=2055）	F	p
网络素养	3.67（0.439）	3.76（0.426）	3.66（0.453）	3.53（0.453）	189.065	0.000

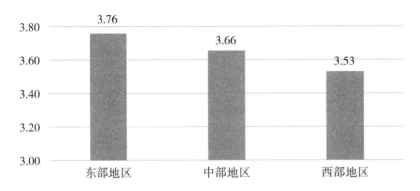

图 3-4 不同地区大学生网络素养得分

（四）年级

不同年级的大学生网络素养差异显著，在本科和硕士阶段，随着年级的增长网络素养显著提高。

表 3-5 不同年级大学生网络素养得分

	总计 （n=7904）	大一 （n=2663）	大二 （n=1616）	大三 （n=1064）	大四 （n=771）	F	p
网络 素养	3.67 （0.439）	3.59 （0.446）	3.67 （0.450）	3.73 （0.391）	3.74 （0.435）	16.286	0.000
		硕士一年级 （n=607）	硕士二年级 （n=468）	硕士三年级 （n=352）			
		3.73（0.415）	3.73（0.413）	3.76（0.441）			
		博士一年级 （n=128）	博士二年级 （n=75）	博士三年级 （n=84）	其他 （n=76）		
		3.70 （0.432）	3.65 （0.476）	3.78 （0.413）	3.64 （0.520）		

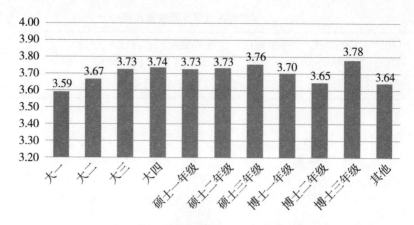

图 3-5　不同年级大学生网络素养得分

（五）专业

文史类专业与理工类专业的大学生网络素养差异不显著，艺术类与文史类、理工类的大学生网络素养差异显著。

表 3-6　不同专业大学生网络素养得分

	总计 （n=7904）	文史类 （n=3530）	理工类 （n=2371）	艺术类 （n=1248）	其他类 （n=755）	F	p
网络素养	3.67 （0.439）	3.70 （0.419）	3.69 （0.438）	3.64 （0.456）	3.51 （0.466）	42.345	0.000

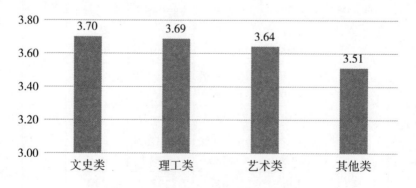

图 3-6　不同专业大学生网络素养得分

（六）网络使用熟练度

不同网络使用熟练度的大学生网络素养具有显著差异，网络使用熟练度越高，网络素养越高。

表 3-7 不同网络使用熟练度的大学生网络素养得分

	总计 （n=7904）	非常 不熟练 （n=78）	不熟练 （n=181）	一般 （n=1684）	熟练 （n=2702）	非常熟练 （n=3259）	F	p
网络 素养	3.67 （0.439）	3.36 （0.534）	3.50 （0.414）	3.54 （0.405）	3.65 （0.407）	3.77 （0.454）	102.072	0.000

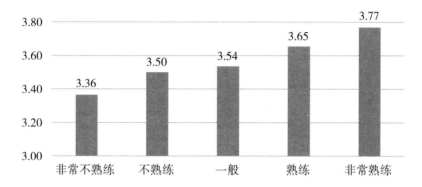

图 3-7 不同网络使用熟练度的大学生网络素养得分

（七）上网时长

不同上网时长的大学生网络素养具有显著差异，上网时长在 1 小时以下的大学生网络素养最低，上网时长在 5—8 小时的大学生网络素养最高。

表 3-8 不同上网时长的大学生网络素养得分

	总计 （n=7904）	1 小时 以下 （n=180）	1—3 小时 （n=1321）	3—5 小时 （n=2891）	5—8 小时 （n=2512）	8 小时 以上 （n=1000）	F	p
网络 素养	3.67 （0.439）	3.36 （0.587）	3.65 （0.460）	3.67 （0.431）	3.70 （0.411）	3.67 （0.449）	27.738	0.000

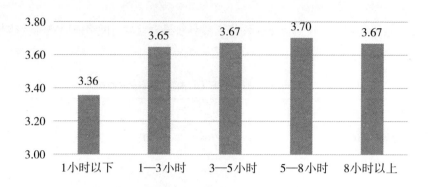

图3-8 不同上网时长的大学生网络素养得分

二、家庭维度的分析

（一）父亲学历：父亲学历水平不同的大学生网络素养没有显著的差异

大学生的父亲学历集中分布在初中到本科之间，回归结果显示，其对大学生的网络素养没有显著的影响。就整体数据分布来看，大学生的网络素养呈现随着父亲的学历增高而上升的趋势，其中父亲为小学学历的大学生网络素养得分仅为3.55分，父亲为初中学历的大学生网络素养得分为3.61分，而父亲学历为本科及以上的大学生得分则为3.73分，与父亲是大专学历的大学生得分3.74分差异不大。

（二）母亲学历：母亲学历水平不同的大学生网络素养没有显著的差异

大学生的母亲学历均匀分布在小学到本科及以上，回归结果显示，其对大学生的网络素养没有显著的影响。就整体数据分布来看，大学生的网络素养呈现随着母亲的学历增高而上升的趋势，其中母亲为小学学历的大学生网络素养得分仅为3.55分，母亲为初中学历的大学生网络素养得分为3.63分，母亲为高中学历的大学生网洛洛素养得分为3.70分，高于平均得分3.67分，母亲为大专学历的大学生网络素养得分为3.75分，而母亲学历为本科及以上的大学生网络素养得分则为3.73分。

（三）家庭收入：家庭收入水平对大学生的网络素养有显著影响，家庭收入处于低等水平的大学生网络素养最低，家庭收入中等偏上水平的大学生网络素养最高

表3-9　家庭收入水平不同的大学生网络素养得分

	总计（n=7904）	低等水平（n=828）	中等偏下（n=2011）	中等水平（n=4129）	中等偏上（n=859）	高收入水平（n=77）	F	p
网络素养	3.67（0.439）	3.51（0.467）	3.62（0.425）	3.71（0.423）	3.76（0.453）	3.59（0.567）	54.621	0.000

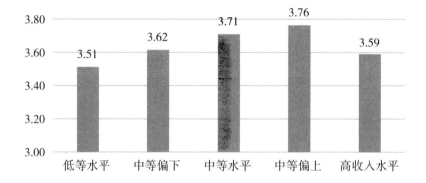

图3-9　家庭收入水平不同的大学生网络素养得分

（四）与父母讨论网络内容频率：与父母讨论网络内容频率越高，网络素养也越高

绝大部分大学生表示有时候与父母讨论网络信息或内容，其网络素养得分为平均分3.67分；经常与父母讨论网络内容的大学生网络素养得分为3.70分；几乎不与父母讨论网络内容的大学生网络素养得分为3.62分。

表3-10　与父母讨论网络内容频率不同的大学生网络素养得分

	总计（n=7904）	几乎不会讨论（n=1251）	有时候讨论（n=4775）	经常讨论（n=1878）	F	p
网络素养	3.67（0.439）	3.62（0.435）	3.67（0.412）	3.70（0.501）	13.078	0.000

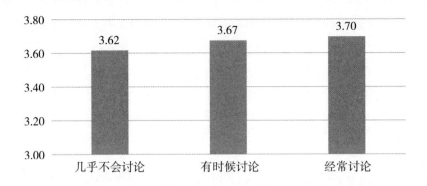

图 3-10　与父母讨论网络内容频率不同的大学生网络素养得分

（五）与父母的亲密程度：与父母的亲密程度对大学生的网络素养有显著影响，与父母越亲密的大学生网络素养越高

表 3-11　与父母的亲密程度不同的大学生网络素养得分

	总计 （n=7904）	不亲密 （n=238）	一般 （n=3473）	非常亲密 （n=4193）	F	p
网络 素养	3.67 （0.439）	3.50 （0.504）	3.62 （0.412）	3.72 （0.450）	73.307	0.000

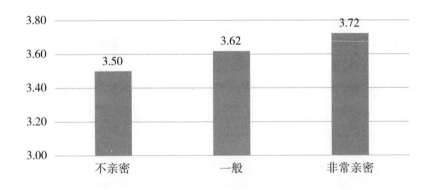

图 3-11　与父母的亲密程度不同的大学生网络素养得分

（六）父母上网习惯：父母上网习惯对大学生的网络素养没有显著影响

在家庭因素中，父母上网习惯对大学生的网络素养没有显著的影响。42.9%

的大学生父母上网习惯较好（5 分制高于 3 分），32.4% 的大学生父母上网习惯较差（5 分制低于 3 分），另有 24.6% 的大学生父母上网习惯得分为中间值 3 分。其中，父母上网习惯较差的大学生网络素养得分为 3.75 分，父母上网习惯一般的大学生网络素养得分为 3.54 分，父母上网习惯较好的大学生网络素养得分为 3.68 分。

（七）相处融洽度：与父母相处融洽度对大学生的网络素养具有显著的影响，与父母相处融洽的大学生网络素养更高

表 3-12　与父母相处融洽度不同的大学生网络素养得分

	总计 （n=7904）	不融洽 （n=692）	一般 （n=1144）	融洽 （n=6068）	F	p
网络素养	3.67 （0.439）	3.55 （0.479）	3.41 （0.417）	3.73 （0.417）	302.699	0.000

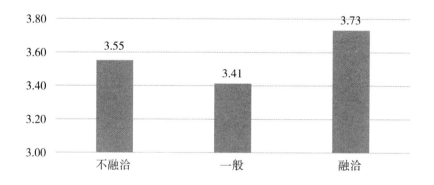

图 3-12　与父母相处融洽度不同的大学生网络素养得分

三、学校维度的分析

（一）在学校因素中，网络素养类课程收获度对大学生网络素养具有显著的影响

在回归结果中，网络素养类课程收获程度对大学生的网络素养具有显著的影响，但对其进行方差检验，结果显示不同网络素养类课程收获度下大学生网络素养差异不显著。其中，绝大部分同学表示在网络素养类课程中有所收获，收获程度不等，其网络素养得分也比较相近。对比几乎没有收获的大学生，有所收获的学生网络素养更高。

表 3–13　在网络素养类课程中收获程度不同的大学生网络素养得分

	总计 （n=5622）	几乎没有收获 （n=265）	有些收获 （n=3274）	收获很大 （n=2083）	F	p
网络 素养	3.67 （0.439）	3.66 （0.414）	3.69 （0.407）	3.68 （0.481）	11.191	0.000

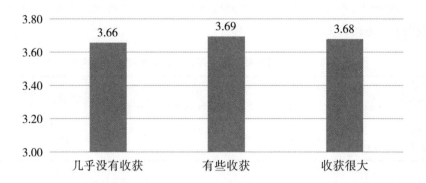

图 3–13　在网络素养类课程中收获程度不同的大学生网络素养得分

（二）与同学讨论网络内容的频率：在学校，经常与同学们讨论网络信息或内容的大学生网络素养更高

表 3–14　与同学讨论网络内容的频率不同的大学生网络素养得分

	总计 （n=7904）	几乎不讨论 （n=161）	偶尔讨论 （n=2737）	经常讨论 （n=5006）	F	p
网络 素养	3.67 （0.439）	3.42 （0.522）	3.58 （0.416）	3.72 （0.438）	120.449	0.000

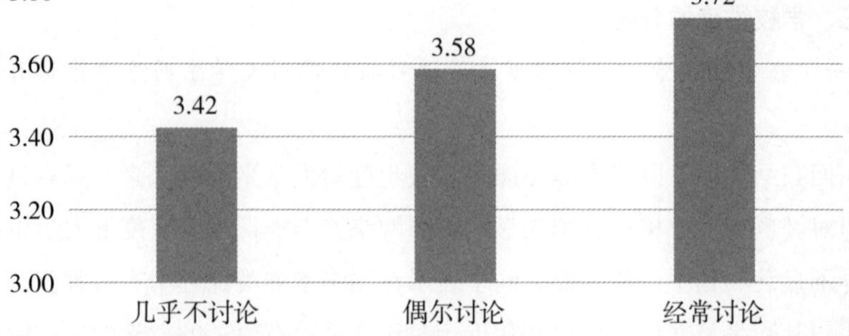

图 3–14　与同学讨论网络内容的频率不同的大学生网络素养得分

（三）上课期间使用手机频率：在学校，上课期间使用手机频率不同的大学生网络素养具有显著差异，不经常在上课时间使用手机的学生网络素养更高

表 3-15　上课期间使用手机频率不同的大学生网络素养得分

	总计 （n=7904）	从未使用 （n=169）	不经常使用 （n=1786）	有时候使用 （n=3911）	经常使用 （n=2038）	F	p
网络素养	3.67 （0.439）	3.55 （0.592）	3.71 （0.443）	3.66 （0.424）	3.66 （0.447）	9.026	0.000

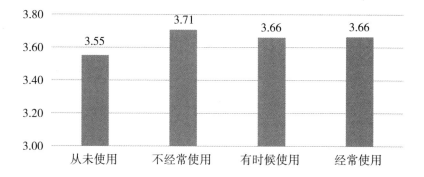

图 3-15　上课期间使用手机频率不同的大学生网络素养得分

第四章

个人、家庭、学校三个维度对大学生网络素养六个维度的影响

一、个人维度

（一）性别

不同性别的大学生在网络素养六个维度的表现均有显著差异，女生在六个维度的表现均好于男生。

表4-1 不同性别大学生在网络素养六个维度上的表现

	总计 （n=7904）	男生 （n=2311）	女生 （n=5593）	F	p
上网注意力管理	3.45（0.46）	3.40（0.46）	3.47（0.46）	38.963	0.000
网络信息搜索与利用	3.66（0.62）	3.62（0.68）	3.68（0.60）	16.59	0.000
网络信息分析与评价	3.62（0.52）	3.55（0.54）	3.65（0.51）	63.619	0.000
网络印象管理能力	3.36（0.61）	3.26（0.65）	3.40（0.59）	82.201	0.000
网络安全与隐私保护	3.81（0.64）	3.67（0.69）	3.87（0.60）	163.111	0.000
网络价值认知和行为	3.85（0.71）	3.64（0.72）	3.94（0.69）	304.639	0.000

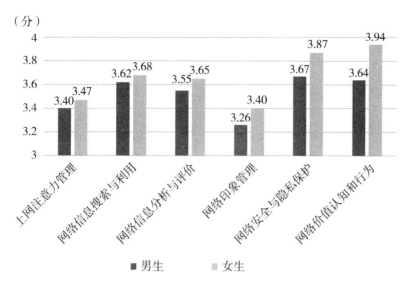

图 4-1 不同性别大学生在网络素养六个维度上的表现

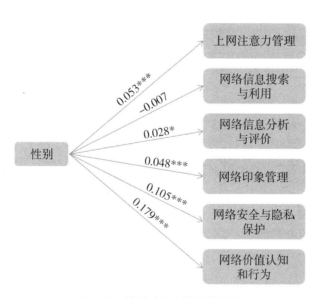

图 4-2 性别对六个维度的影响

（二）地区

东部地区的大学生在网络素养六个维度上均高于中西部地区，中部地区次之，西部地区最低。

表4-2   不同地区大学生在网络素养六个维度上的得分

	总计 （n=7904）	东部地区 （n=3625）	中部地区 （n=2224）	西部地区 （n=2055）	F	p
上网注意力管理	3.45（0.46）	3.50（0.47）	3.43（0.45）	3.39（0.44）	42.547	0.000
网络信息搜索与利用	3.66（0.62）	3.78（0.61）	3.63（0.62）	3.49（0.61）	154.753	0.000
网络信息分析与评价	3.62（0.52）	3.74（0.52）	3.58（0.51）	3.46（0.49）	200.971	0.000
网络印象管理	3.36（0.61）	3.42（0.63）	3.37（0.60）	3.24（0.56）	58.880	0.000
网络安全与隐私保护	3.81（0.64）	3.91（0.60）	3.81（0.63）	3.63（0.67）	131.473	0.000
网络价值认知和行为	3.85（0.71）	3.94（0.69）	3.83（0.71）	3.72（0.72）	67.877	0.000

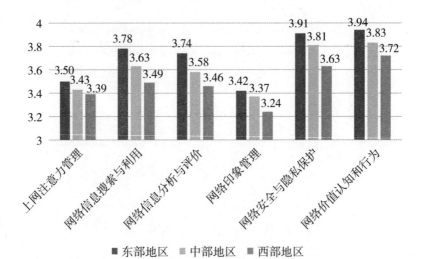

图4-3   不同地区大学生在网络素养六个维度上的得分

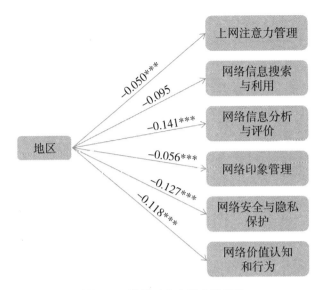

图 4-4 地区对六个维度的影响

（三）户口

不同户口的大学生在网络素养六个维度具有显著的差异，城市户口的大学生在网络素养六个维度的得分均高于农村户口的大学生。

表 4-3 不同户口的大学生在网络素养六个维度的得分

	总计 （n=7904）	城市户口 （n=4331）	农村户口 （n=3573）	F	p
上网注意力 管理	3.45（0.46）	3.50（0.47）	3.39（0.45）	111.231	0.000
网络信息 搜索与利用	3.66（0.62）	3.77（0.62）	3.52（0.60）	330.641	0.000
网络信息 分析与评价	3.62（0.52）	3.71（0.53）	3.51（0.49）	281.600	0.000
网络印象 管理	3.36（0.61）	3.42（0.62）	3.28（0.58）	121.393	0.000
网络安全 与隐私保护	3.81（0.64）	3.88（0.62）	3.73（0.64）	110.070	0.000
网络价值 认知和行为	3.85（0.71）	3.91（0.71）	3.79（0.71）	56.541	0.000

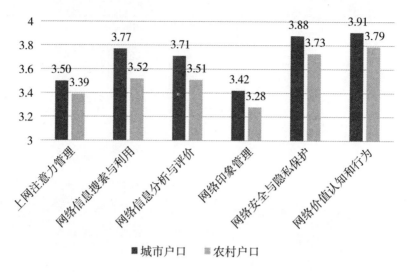

图 4-5　不同户口的大学生在网络素养六个维度的得分

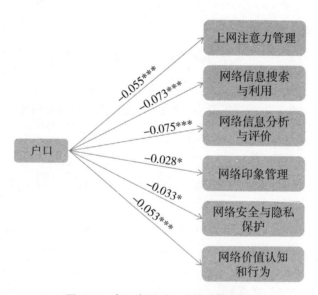

图 4-6　户口类型对六个维度的影响

（四）专业

不同专业的大学生在网络素养六个维度中差异显著。理工类专业大学生在上网注意力管理、网络信息搜索与利用、网络信息分析与评价维度表现最佳，而文史类专业大学生在网络印象管理、网络安全与隐私保护维度表现较好。

表 4-4　不同专业的大学生在网络素养六个维度的得分

	总计 （n=7904）	文史类 （n=3530）	理工类 （n=2371）	艺术类 （n=1248）	其他类 （n=755）	F	p
上网注意力 管理	3.45 （0.46）	3.44 （0.45）	3.48 （0.47）	3.45 （0.47）	3.40 （0.47）	8.097	0.000
网络信息 搜索与利用	3.66 （0.62）	3.67 （0.59）	3.69 （0.63）	3.67 （0.65）	3.49 （0.67）	23.323	0.000
网络信息 分析与评价	3.62 （0.52）	3.64 （0.51）	3.66 （0.53）	3.57 （0.53）	3.46 （0.51）	34.992	0.000
网络印象 管理	3.36 （0.61）	3.43 （0.60）	3.31 （0.62）	3.33 （0.59）	3.21 （0.63）	37.381	0.000
网络安全 与隐私保护	3.81 （0.64）	3.86 （0.60）	3.83 （0.64）	3.78 （0.68）	3.59 （0.67）	38.134	0.000
网络价值 认知和行为	3.85 （0.71）	3.89 （0.69）	3.89 （0.72）	3.79 （0.71）	3.69 （0.71）	21.662	0.000

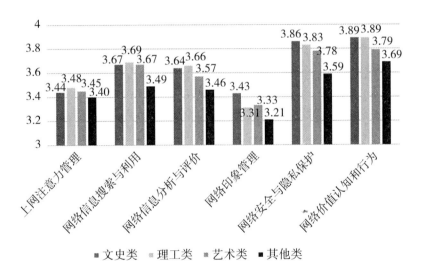

图 4-7　不同专业的大学生在网络素养六个维度的得分

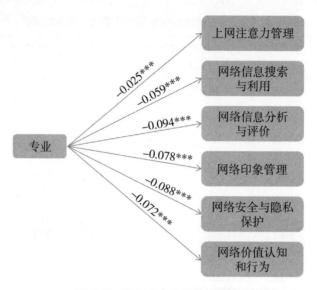

图4-8　专业对六个维度的影响

（五）年级

不同年级的大学生在网络素养六个细分维度具有显著的差异，硕士生和博士生在上网注意力管理、网络信息搜索与利用、网络信息分析与评价、网络安全与隐私保护、网络价值认知和行为五个维度表现均好于本科生；在网络印象管理维度，本科生表现优于博士生。

表4-5　不同年级的大学生在网络素养六个维度的得分

	总计 （n=7904）	本科生 （n=6114）	硕士生 （n=1427）	博士生 （n=287）	其他 （n=76）	F	p
上网注意力管理	3.45 （0.46）	3.43 （0.46）	3.50 （0.47）	3.54 （0.45）	3.43 （0.48）	11.193	0.000
网络信息搜索与利用	3.66 （0.62）	3.63 （0.62）	3.76 （0.59）	3.76 （0.68）	3.65 （0.73）	19.412	0.000
网络信息分析与评价	3.62 （0.52）	3.60 （0.52）	3.70 （0.52）	3.70 （0.56）	3.63 （0.59）	16.932	0.000
网络印象管理	3.36 （0.61）	3.35 （0.61）	3.41 （0.61）	3.25 （0.67）	3.26 （0.74）	6.808	0.000
网络安全与隐私保护	3.81 （0.64）	3.79 （0.64）	3.88 （0.61）	3.88 （0.67）	3.78 （0.78）	8.274	0.000
网络价值认知与行为	3.85 （0.71）	3.84 （0.71）	3.91 （0.70）	3.89 （0.71）	3.85 （0.73）	3.813	0.010

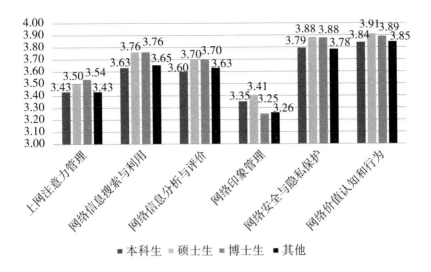

图 4-9 不同年级的大学生在网络素养六个维度的得分

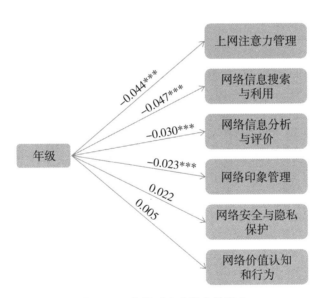

图 4-10 年级对六个维度的影响

（六）网络使用熟练度

网络使用熟练度越高的大学生，在网络素养六个细分维度得分也越高，表现越好。

表 4-6　网络使用熟练度不同的大学生在六个维度上的得分

	总计 （n=7904）	非常 不熟练 （n=78）	不熟练 （n=181）	一般 （n=1684）	熟练 （n=2702）	非常 熟练 （n=3259）	F	p
上网注意力 管理	3.45 （0.46）	3.23 （0.51）	3.34 （0.46）	3.37 （0.43）	3.44 （0.43）	3.51 （0.49）	33.501	0.000
网络信息 搜索与利用	3.66 （0.62）	3.24 （0.91）	3.32 （0.62）	3.43 （0.53）	3.62 （0.54）	3.84 （0.66）	169.930	0.000
网络信息 分析与评价	3.62 （0.52）	3.43 （0.57）	3.52 （0.53）	3.50 （0.48）	3.60 （0.49）	3.71 （0.55）	56.506	0.000
网络印象 管理	3.36 （0.61）	2.86 （0.99）	3.06 （0.63）	3.15 （0.53）	3.33 （0.53）	3.51 （0.65）	131.294	0.000
网络安全 与隐私保护	3.79 （0.67）	3.51 （0.92）	3.66 （0.69）	3.68 （0.62）	3.79 （0.59）	3.91 （0.65）	46.397	0.000
网络价值 认知和行为	3.85 （0.71）	3.67 （0.84）	3.82 （0.73）	3.80 （0.70）	3.87 （0.68）	3.87 （0.73）	4.317	0.002

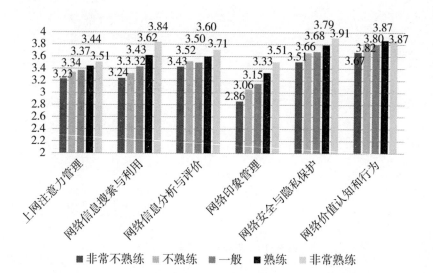

图 4-11　网络使用熟练度不同的大学生在六个维度上的得分

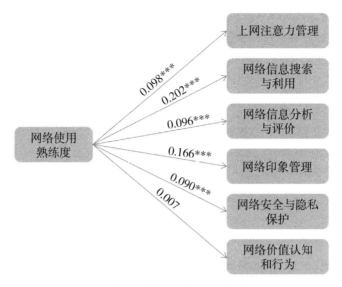

图 4-12 网络使用熟练度对六个维度的影响

（七）上网时长

不同上网时长的学生在网络素养六个维度均存在显著的差异性，上网时长低于1小时的学生表现更差。在上网时长小于 8 小时的大学生中，在网络信息搜索与利用、网络印象管理、网络安全与隐私保护维度，上网时长越长的大学生表现越好；在上网注意力管理、网络价值认知和行为维度，上网时长越长的大学生表现越差。

表 4-7 不同上网时长的大学生在网络素养六个维度的得分

	总计 （n=7904）	1 小时以内 （n=180）	1—3 小时 （n=1321）	3—5 小时 （n=2891）	5—8 小时 （n=2512）	8 小时以上 （n=1000）	F	p
上网注意力 管理	3.45 （0.46）	3.26 （0.54）	3.52 （0.49）	3.48 （0.45）	3.43 （0.43）	3.36 （0.47）	29.628	0.000
网络信息 搜索与利用	3.66 （0.62）	3.48 （1.03）	3.64 （0.65）	3.64 （0.59）	3.68 （0.57）	3.71 （0.69）	6.997	0.000
网络信息 分析与评价	3.62 （0.52）	3.29 （0.52）	3.59 （0.53）	3.63 （0.52）	3.64 （0.51）	3.64 （0.54）	20.579	0.000
网络印象 管理能力	3.36 （0.61）	3.30 （0.99）	3.23 （0.62）	3.32 （0.57）	3.42 （0.57）	3.48 （0.67）	35.239	0.000
网络安全 与隐私保护	3.79 （0.67）	3.44 （1.03）	3.76 （0.66）	3.79 （0.61）	3.84 （0.59）	3.79 （0.67）	19.021	0.000
网络价值 认知和行为	3.85 （0.71）	3.22 （0.71）	3.86 （0.74）	3.88 （0.69）	3.90 （0.69）	3.77 （0.72）	43.339	0.000

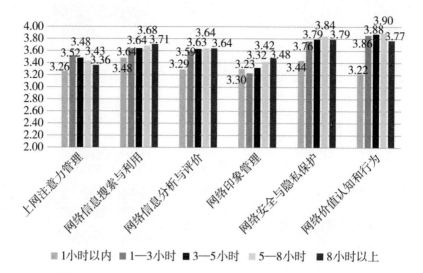

图 4-13　不同上网时长的大学生在网络素养六个维度的得分

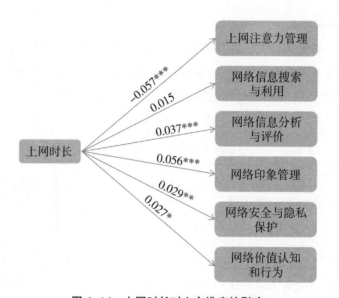

图 4-14　上网时长对六个维度的影响

二、家庭维度

（一）家庭收入水平

整体而言，家庭收入为中等、中等偏上的大学生在六个维度上表现更好，家庭为高收入水平的学生在网络信息搜索与利用维度的表现高于其他学生，而在上网注意力管理、网络信息分析与评价、网络安全与隐私保护、网络价值认知和行为四个维度的表现则较差。

表 4-8　家庭收入水平不同的大学生在网络素养六个维度的得分

	总计 （n=7904）	低等水平 （n=828）	中等偏下 （n=2011）	中等水平 （n=4129）	中等偏上 （n=859）	高收入水平 （n=77）	F	p
上网注意力 管理	3.45 （0.46）	3.36 （0.47）	3.39 （0.44）	3.48 （0.46）	3.54 （0.48）	3.40 （0.49）	31.943	0.000
网络信息 搜索与利用	3.66 （0.62）	3.46 （0.70）	3.57 （0.59）	3.70 （0.59）	3.83 （0.64）	3.84 （0.95）	56.435	0.000
网络信息 分析与评价	3.62 （0.52）	3.47 （0.52）	3.55 （0.51）	3.66 （0.51）	3.73 （0.53）	3.53 （0.61）	42.992	0.000
网络印象 管理能力	3.36 （0.61）	3.17 （0.65）	3.32 （0.60）	3.38 （0.58）	3.50 （0.65）	3.48 （0.90）	35.433	0.000
网络安全 与隐私保护	3.81 （0.64）	3.63 （0.71）	3.75 （0.64）	3.83 （0.61）	3.87 （0.63）	3.69 （0.89）	23.164	0.000
网络价值 认知和行为	3.85 （0.71）	3.71 （0.72）	3.81 （0.70）	3.91 （0.70）	3.87 （0.74）	3.48 （0.77）	21.920	0.000

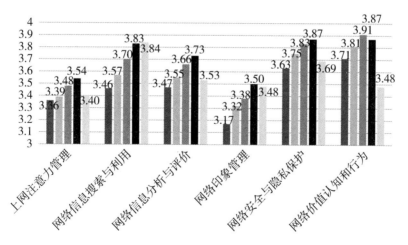

图 4-15　家庭收入水平不同的大学生在网络素养六个维度的得分

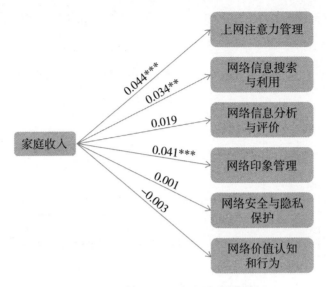

图4-16　家庭收入对六个维度的影响

（二）与父母讨论网络内容频率

与父母讨论网络内容的频率越频繁的大学生，在网络素养的六个维度上表现越好。

表4-9　与父母讨论网络内容频率不同的大学生在网络素养六个维度的得分

	总计 （n=7904）	几乎不会讨论 （n=1251）	有时候讨论 （n=4775）	经常讨论 （n=1878）	F	p
上网注意力 管理	3.45 （0.46）	3.39 （0.45）	3.45 （0.45）	3.48 （0.49）	12.903	0.000
网络信息 搜索与利用	3.66 （0.62）	3.55 （0.64）	3.65 （0.57）	3.76 （0.72）	45.075	0.000
网络信息 分析与评价	3.62 （0.52）	3.62 （0.54）	3.62 （0.49）	3.63 （0.58）	0.918	0.399
网络印象 管理	3.36 （0.61）	3.24 （0.66）	3.34 （0.57）	3.47 （0.67）	59.401	0.000
网络安全 与隐私保护	3.81 （0.64）	3.77 （0.66）	3.81 （0.60）	3.83 （0.71）	3.640	0.026
网络价值 认知和行为	3.85 （0.71）	3.86 （0.71）	3.89 （0.69）	3.76 （0.76）	22.3178	0.000

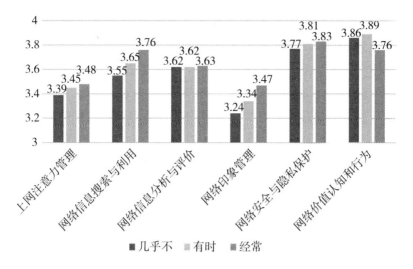

图4-17 与父母讨论网络内容频率不同的大学生在网络素养六个维度的得分

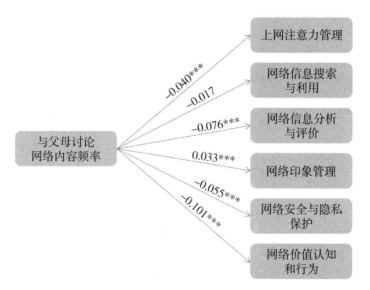

图4-18 与父母讨论网络内容频率对六个维度的影响

（三）与父母亲密程度

与父母亲密程度越高的大学生，在网络素养六个细分维度表现越好。

表 4-10　与父母亲密程度不同的大学生在网络素养六个维度的得分

	总计 （n=7904）	不亲密 （n=238）	一般亲密 （n=3473）	非常亲密 （n=4193）	F	p
上网注意力 管理	3.45 （0.46）	3.26 （0.46）	3.37 （0.41）	3.53 （0.48）	132.341	0.000
网络信息 搜索与利用	3.66 （0.62）	3.49 （0.73）	3.58 （0.57）	3.74 （0.65）	74.612	0.000
网络信息 分析与评价	3.62 （0.52）	3.55 （0.58）	3.57 （0.50）	3.66 （0.53）	30.321	0.000
网络印象 管理	3.36 （0.61）	3.25 （0.77）	3.33 （0.57）	3.38 （0.63）	9.489	0.000
网络安全 与隐私保护	3.81 （0.64）	3.58 （0.77）	3.74 （0.61）	3.85 （0.65）	42.653	0.000
网络价值 认知与行为	3.85 （0.71）	3.64 （0.69）	3.82 （0.68）	3.89 （0.73）	21.808	0.000

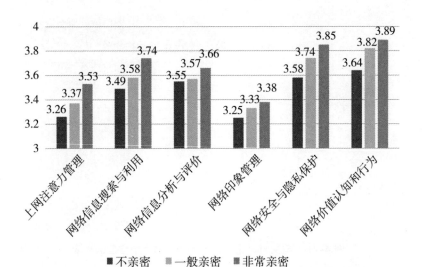

图 4-19　与父母亲密程度不同的大学生在网络素养六个维度的得分

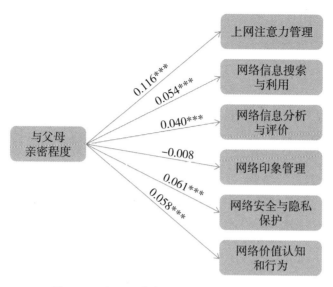

图 4-20 与父母亲密程度对六个维度的影响

（四）与父母相处融洽度

与父母相处越融洽的大学生，在网络素养六个细分维度表现越好。

表 4-11 与父母相处融洽度不同的大学生在网络素养六个维度的得分

	总计 （n=7904）	相处不融洽 （n=692）	相处一般 （n=1144）	相处融洽 （n=6068）	F	p
上网注意力管理	3.45 （0.46）	3.30 （0.43）	3.23 （0.37）	3.51 （0.46）	236.677	0.000
网络信息搜索与利用	3.66 （0.62）	3.50 （0.71）	3.34 （0.54）	3.74 （0.60）	233.339	0.000
网络信息分析与评价	3.62 （0.52）	3.54 （0.56）	3.34 （0.46）	3.68 （0.51）	223.748	0.000
网络印象管理	3.36 （0.61）	3.29 （0.68）	3.20 （0.49）	3.39 （0.62）	52.745	0.000
网络安全与隐私保护	3.81 （0.64）	3.68 （0.76）	3.55 （0.65）	3.88 （0.60）	147.798	0.000
网络价值认知和行为	3.85 （0.71）	3.75 （0.69）	3.56 （0.68）	3.92 （0.70）	137.352	0.000

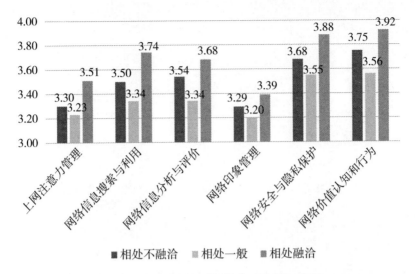

图 4-21 与父母相处融洽度不同的大学生在网络素养六个维度的得分

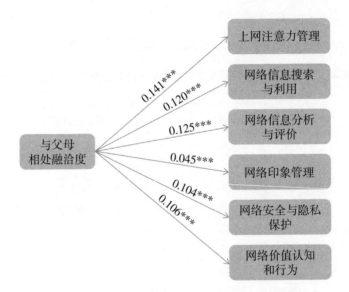

图 4-22 与父母相处融洽度对六个维度的影响

三、学校维度

（一）网络素养课程收获度

对于开设网络素养课程的大学生来说，大学生在网络素养课程上的收获度对上网注意力管理、网络信息搜索与利用维度具有显著的正向影响，对其他维度影响不显著。

表 4-12　网络素养课程收获度不同的大学生在网络素养六个维度的得分

	总计 （n=5626）	几乎没有收获 （n=265）	有些收获 （n=3274）	收获很大 （n=2083）	F	p
上网注意力 管理	3.45 （0.46）	3.37 （0.47）	3.46 （0.44）	3.48 （0.50）	6.700	0.001
网络信息 搜索与利用	3.66 （0.62）	3.70 （0.72）	3.65 （0.55）	3.73 （0.69）	10.843	0.000
网络信息 分析与评价	3.62 （0.52）	3.72 （0.55）	3.65 （0.50）	3.59 （0.53）	11.502	0.000
网络印象 管理	3.36 （0.61）	3.42 （0.71）	3.36 （0.56）	3.41 （0.66）	5.625	0.004
网络安全 与隐私保护	3.81 （0.64）	3.81 （0.65）	3.83 （0.57）	3.82 （0.70）	0.321	0.726
网络价值 认知和行为	3.85 （0.71）	3.72 （0.70）	3.93 （0.67）	3.78 （0.77）	33.107	0.000

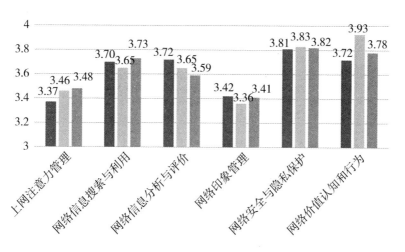

图 4-23　网络素养课程收获度不同的大学生在网络素养六个维度的得分

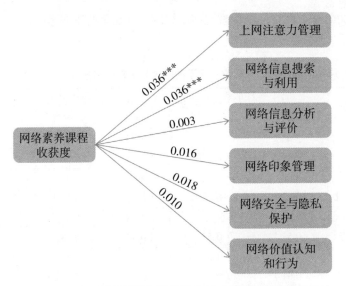

图 4-24 网络素养课程收获度对六个维度的影响

（二）与同学讨论网络内容频率

与同学讨论网络内容频率对网络素养六个维度均具有显著的正向影响，讨论频率越高的大学生，在网络素养六个维度上表现越好。

表 4-13 与同学讨论网络内容频率不同的大学生在网络素养六个维度的得分

	总计 （n=7904）	几乎不讨论 （n=161）	偶尔讨论 （n=2737）	经常讨论 （n=5006）	F	p
上网注意力 管理	3.45 （0.46）	3.37 （0.58）	3.42 （0.46）	3.47 （0.45）	11.311	0.000
网络信息 搜索与利用	3.66 （0.62）	3.35 （0.91）	3.54 （0.57）	3.74 （0.63）	110.654	0.000
网络信息 分析与评价	3.62 （0.52）	3.38 （0.54）	3.53 （0.49）	3.68 （0.53）	87.148	0.000
网络印象 管理	3.36 （0.61）	3.10 （0.87）	3.21 （0.55）	3.44 （0.61）	160.437	0.000
网络安全 与隐私保护	3.81 （0.64）	3.52 （0.84）	3.71 （0.61）	3.88 （0.63）	77.689	0.000
网络价值 认知和行为	3.85 （0.71）	3.59 （0.79）	3.82 （0.71）	3.88 （0.71）	16.629	0.000

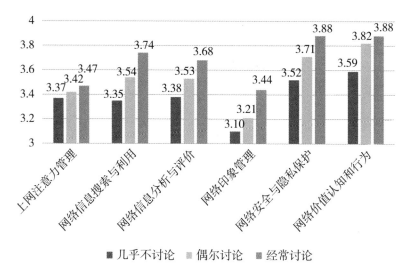

图 4-25　与同学讨论网络内容频率不同的大学生在网络素养六个维度的得分

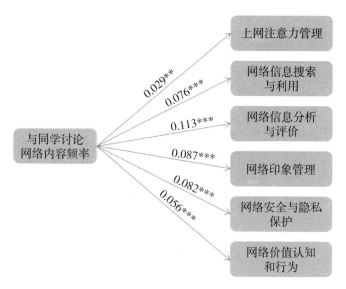

图 4-26　与同学讨论网络内容频率对六个维度的影响

（三）上课使用手机频率

上课使用手机频率对上网注意力管理、网络信息分析与评价、网络安全与隐私保护、网络价值认知和行为维度具有显著的负向影响，上课使用手机越频繁，在此四维度上表现越差。而其对网络印象管理具有显著的正向影响，上课使用手机越多的学生的网络印象管理能力越强。

表 4-14　上课使用手机频率不同的大学生在网络素养六个维度的得分

	总计 （n=7904）	从未使用 （n=169）	不经常使用 （n=1786）	有时候使用 （n=3911）	经常使用 （n=2038）	F	p
上网注意力 管理	3.45 （0.46）	3.48 （0.62）	3.58 （0.49）	3.44 （0.43）	3.36 （0.44）	74.289	0.000
网络信息 搜索与利用	3.66 （0.62）	3.56 （0.98）	3.67 （0.63）	3.63 （0.57）	3.72 （0.67）	9.865	0.000
网络信息 分析与评价	3.62 （0.52）	3.50 （0.62）	3.66 （0.53）	3.61 （0.51）	3.61 （0.53）	6.484	0.000
网络印象 管理	3.36 （0.61）	3.15 （0.85）	3.22 （0.59）	3.34 （0.56）	3.51 （0.66）	81.959	0.000
网络安全 与隐私保护	3.81 （0.64）	3.67 （0.92）	3.85 （0.63）	3.79 （0.60）	3.84 （0.66）	7.062	0.000
网络价值 认知和行为	3.85 （0.71）	3.71 （0.81）	3.98 （0.72）	3.88 （0.68）	3.71 （0.72）	53.965	0.000

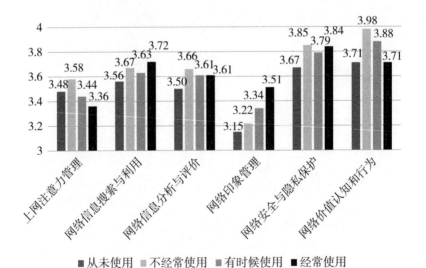

图 4-27　上课使用手机频率不同的大学生在网络素养六个维度的得分

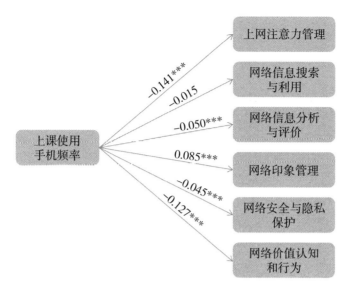

图 4-28　上课使用手机频率对六个维度的影响

第五章

个人、家庭、学校属性对大学生网络素养各项指标的影响分析

一、得分情况

（一）上网注意力管理

在大学生上网注意力管理方面，网络使用认知能力得分最高，网络情感控制能力次之，网络行为控制能力最差。这说明我国大学生在上网注意力管理能力的培养方面，应该着重加强对网络行为控制能力的培养。

表 5-1 大学生上网注意力管理指标体系得分

（单位：分）

维度	一级指标	得分（5分制）
上网注意力管理	网络使用认知	3.61
	网络情感控制	3.35
	网络行为控制	3.30

（二）网络信息搜索与利用

在网络信息搜索与利用维度，大学生在信息搜索与分辨和信息保存与利用两个指标下得分一致，表现均较好，这说明大学生掌握多项网络搜索技能，而且能够分门别类地保存好网络信息，利用好网络信息。尤其是与 2022 年中国青少年网络素养调查结果相比较，大学生在信息保存与利用指标下得分明显高于青少年（得分为 3.25）。

表 5-2　大学生网络信息搜索与利用指标体系得分

（单位：分）

维度	一级指标	得分（5分制）
网络信息搜索与利用	信息搜索与分辨	3.66
	信息保存与利用	3.66

（三）网络信息分析与评价

在网络信息分析与评价维度，大学生对信息的辨析和批判能力得分为 3.75 分，而对网络的主动认知和行动得分则较低，仅为 3.46 分。这说明大学生拥有一定的辨别和批判网络虚假信息、谣言等的能力，但是在对网络的主动认知、主动行动上还有所欠缺。

表 5-3 大学生网络信息分析与评价指标体系得分

（单位：分）

维度	一级指标	得分（5分制）
网络信息分析与评价	对信息的辨析和批判	3.75
	对网络的主动认知和行动	3.46

（四）网络印象管理

在大学生网络印象管理方面，自我宣传指标得分较高，迎合他人指标得分最低，社交互动和形象期望指标得分相同。这说明，大学生在进行网络社交时，能够利用社交媒体主动进行自我形象的打造，营造人设，在社交过程中更注重对于自我形象的展示，而回应负面信息的能力则依旧有待提高。

表 5-4　大学生网络印象管理能力指标体系得分

（单位：分）

维度	一级指标	得分（5分制）
网络印象管理	迎合他人	3.23
	社交互动	3.37
	自我宣传	3.46
	形象期望	3.37

（五）网络安全与隐私保护

在网络安全与隐私保护方面，大学生的安全感知及隐私关注指标得分为 3.95 分，高于安全行为及隐私保护 3.92 分。这也表明，大学生对网络安全的认知高于实际行动，对于网络安全问题比较警惕，但是却较少具体采取行动保护自己的隐私，存在隐私悖论情况。

表 5-5　大学生网络安全与隐私保护指标体系得分

（单位：分）

维度	一级指标	得分（5分制）
网络安全与隐私保护	安全感知及隐私关注	3.95
	安全行为及隐私保护	3.92

（六）网络价值认知和行为

在网络价值认知和行为方面，大学生在网络规范认知方面得分最高，网络暴力认知次之，而网络行为规范得分最低，需要加强对大学生的网络行为规范教育。

表 5-6　大学生网络价值认知和行为指标体系得分

（单位：分）

维度	一级指标	得分（5分制）
网络价值认知和行为	网络规范认知	3.98
	网络暴力认知	3.91
	网络行为规范	3.56

二、个人影响因素的分析

（一）性别

上网注意力管理维度：不同性别之间的网络使用认知、网络情感控制和网络行为控制均有显著差异（Sig.<0.05），且不同性别的网络情感控制差异更大。女生的网络使用认知能力、网络情感控制能力高于男生，而网络行为控制能力低于男生。

表 5-7　性别—上网注意力管理维度差异检验

指标	性别	N	Mean	SD	F	Sig.	偏 η2
网络使用认知	男	2311	3.57	0.705	10.652	0.001	0.001
	女	5593	3.63	0.612			
网络情感控制	男	2311	3.23	0.808	77.421	0.000	0.010
	女	5593	3.39	0.746			
网络行为控制	男	2311	3.34	0.702	9.905	0.002	0.001
	女	5593	3.29	0.624			

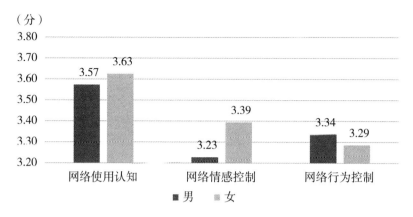

图 5-1 性别—上网注意力管理维度（5 分制）

网络信息搜索与利用维度：不同性别之间的信息搜索与分辨、信息保存与利用均有显著差异（Sig.<0.05）。女生的信息搜索与分辨能力、信息保存与利用能力均高于男生。

表 5-8 性别—网络信息搜索与利用维度差异检验

指标	性别	N	Mean	SD	F	Sig.	偏 η2
信息搜索与分辨	男	2311	3.64	0.700	4.607	0.032	0.001
	女	5593	3.67	0.609			
信息保存与利用	男	2311	3.58	0.691	42.237	0.000	0.005
	女	5593	3.69	0.619			

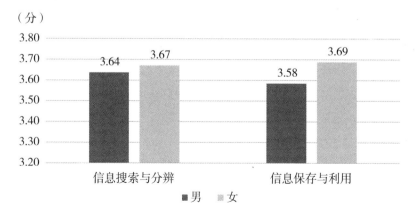

图 5-2 性别—网络信息搜索与利用维度（5 分制）

网络信息分析与评价维度：不同性别之间对信息的辨析和批判、对网络的主动认知和行动差异显著（Sig.<0.05）。女生对信息的辨析和批判能力、对网络的主动认知和行动能力均高于男生。

表 5-9　性别—网络信息分析与评价维度差异检验

指标	性别	N	Mean	SD	F	Sig.	偏 η2
对信息的辨析和批判	男	2311	3.72	0.721	9.775	0.004	0.001
	女	5593	3.77	0.624			
对网络的主动认知和行动	男	2311	3.34	0.653	113.732	0.000	0.014
	女	5593	3.51	0.627			

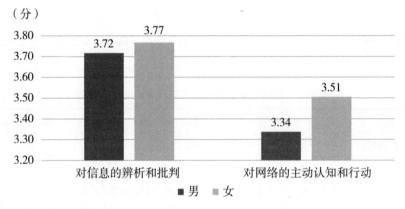

图 5-3　性别—网络信息分析与评价维度（5分制）

网络印象管理维度：不同性别之间在迎合他人、社交互动、自我宣传、形象期望方面差异显著（Sig.<0.001），其中自我宣传指标差异最明显。在迎合他人、社交互动、自我宣传、形象期望四个指标下，女生表现均好于男生。

表 5-10　性别—网络印象管理维度差异检验

指标	性别	N	Mean	SD	F	Sig.	偏 η2
迎合他人	男	2311	3.17	0.762	16.968	0.000	0.002
	女	5593	3.25	0.711			
社交互动	男	2311	3.32	0.716	12.947	0.000	0.002
	女	5593	3.39	0.671			

续表

指标	性别	N	Mean	SD	F	Sig.	偏 η2
自我宣传	男	2311	3.21	0.788	385.718	0.000	0.047
	女	5593	3.57	0.725			
形象期望	男	2311	3.30	0.745	26.226	0.000	0.003
	女	5593	3.39	0.688			

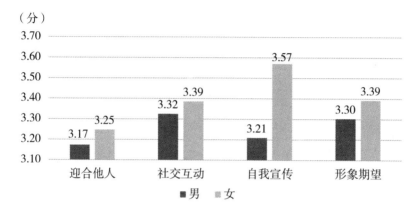

图 5-4　性别—网络印象管理维度（5 分制）

网络安全与隐私保护维度：不同性别之间安全感知及隐私关注、安全行为及隐私保护差异显著（Sig.<0.001）。女生在这两个指标下表现均优于男生。

表 5-11　性别—网络安全与隐私保护维度差异检验

指标	性别	N	Mean	SD	F	Sig.	偏 η2
安全感知及隐私关注	男	2311	3.80	0.771	151.727	0.000	0.019
	女	5593	4.02	0.672			
安全行为及隐私保护	男	2311	3.78	0.760	124.714	0.000	0.016
	女	5593	3.98	0.686			

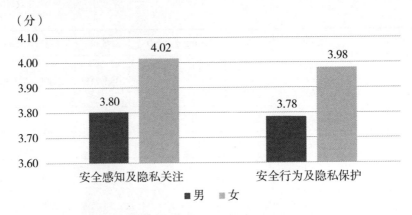

图 5-5　性别—网络安全与隐私保护维度（5分制）

网络价值认知和行为维度：不同性别之间网络规范认知、网络暴力认知、网络行为规范差异显著（Sig.<0.001）。在各指标下，女生表现均优于男生。

表 5-12　性别—网络价值认知和行为维度差异检验

指标	性别	N	Mean	SD	F	Sig.	偏 η2
网络规范认知	男	2311	3.82	0.749	165.281	0.000	0.020
	女	5593	4.05	0.671			
网络暴力认知	男	2311	3.64	1.038	250.064	0.000	0.031
	女	5593	4.02	0.959			
网络行为规范	男	2311	3.37	0.949	149.031	0.000	0.019
	女	5593	3.64	0.893			

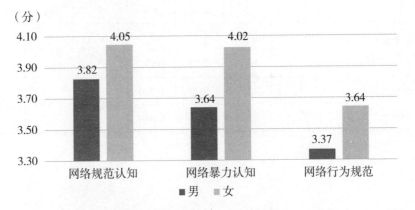

图 5-6　性别—网络价值认知和行为维度（5分制）

（二）学历

上网注意力管理维度：不同学历的大学生之间网络使用认知能力差异显著（Sig.<0.001），网络情感控制能力和网络行为控制能力方面差异并不显著。在三个指标下，博士生的能力表现均高于硕士生，本科生最低。

表5-13　学历—上网注意力管理维度差异检验

指标	学历	N	Mean	SD	F	Sig.	偏 η2
网络使用认知	本科生	6114	3.59	0.638	14.125	0.000	0.005
	硕士生	1427	3.69	0.640			
	博士生	287	3.73	0.634			
	其他	76	3.54	0.749			
网络情感控制	本科生	6114	3.34	0.758	1.567	0.195	0.001
	硕士生	1427	3.37	0.782			
	博士生	287	3.40	0.885			
	其他	76	3.42	0.843			
网络行为控制	本科生	6114	3.29	0.642	2.475	0.060	0.001
	硕士生	1427	3.33	0.656			
	博士生	287	3.37	0.710			
	其他	76	3.23	0.756			

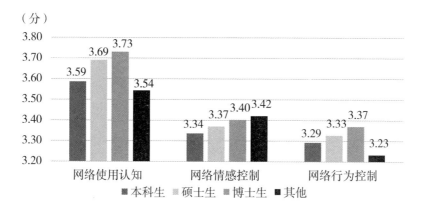

图5-7　学历—上网注意力管理维度（5分制）

网络信息搜索与利用维度：不同学历的大学生之间信息搜索与分辨、信息保存与利用能力差异显著（Sig.<0.001），就信息搜索与分辨能力而言，随着学历的上升，信息搜索与分辨能力有所提高；就信息保存与利用能力而言，硕士生的表现最好，博士生次之。

表5-14　学历—网络信息搜索与利用维度差异检验

指标	学历	N	Mean	SD	F	Sig.	偏 η2
信息搜索 与分辨	本科生	6114	3.63	0.636	17.978	0.000	0.007
	硕士生	1427	3.76	0.614			
	博士生	287	3.77	0.687			
	其他	76	3.66	0.762			
信息保存 与利用	本科生	6114	3.63	0.640	19.074	0.000	0.007
	硕士生	1427	3.76	0.624			
	博士生	287	3.75	0.703			
	其他	76	3.65	0.749			

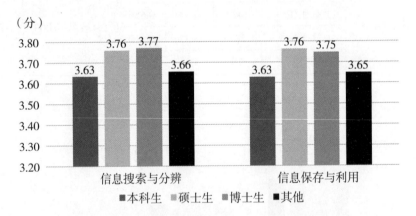

图5-8　学历—网络信息搜索与利用维度（5分制）

网络信息分析与评价维度：不同学历的大学生之间对信息的辨析和批判、对网络的主动认知和行动能力差异显著（Sig.<0.001），在对信息的辨析和批判指标下，硕士生和博士生表现相同，本科生略低；在对网络的主动认知和行动指标下，博士生表现最好，硕士生次之，本科生最低。

表 5-15　学历—网络信息分析与评价维度差异检验

指标	学历	N	Mean	SD	F	Sig.	偏 η2
对信息的 辨析和批判	本科生	6114	3.73	0.654	9.089	0.000	0.003
	硕士生	1427	3.83	0.626			
	博士生	287	3.82	0.715			
	其他	76	3.78	0.797			
对网络的主动 认知和行动	本科生	6114	3.43	0.626	13.752	0.000	0.005
	硕士生	1427	3.54	0.675			
	博士生	287	3.55	0.675			
	其他	76	3.44	0.707			

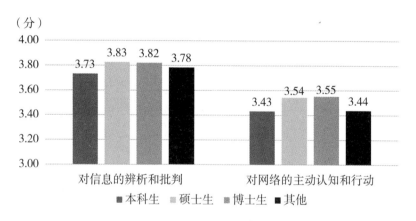

图 5-9　学历—网络信息分析与评价维度（5 分制）

　　网络印象管理维度：不同学历的大学生之间迎合他人、社交互动、自我宣传、形象期望差异显著（Sig.<0.05）。在迎合他人、自我宣传、形象期望三个指标下，硕士生表现最好，本科生次之；在社交互动指标下，硕士生与本科生得分相等，博士生略低。

表 5-16　学历—网络印象管理维度差异检验

指标	学历	N	Mean	SD	F	Sig.	偏 η2
迎合他人	本科生	6114	3.22	0.720	3.029	0.028	0.001
	硕士生	1427	3.26	0.728			
	博士生	287	3.13	0.810			
	其他	76	3.13	0.825			
社交互动	本科生	6114	3.37	0.677	3.182	0.023	0.001
	硕士生	1427	3.37	0.699			
	博士生	287	3.26	0.745			
	其他	76	3.27	0.791			
自我宣传	本科生	6114	3.44	0.755	15.833	0.000	0.006
	硕士生	1427	3.59	0.757			
	博士生	287	3.39	0.818			
	其他	76	3.33	0.940			
形象期望	本科生	6114	3.36	0.697	6.306	0.000	0.002
	硕士生	1427	3.41	0.723			
	博士生	287	3.23	0.768			
	其他	76	3.30	0.794			

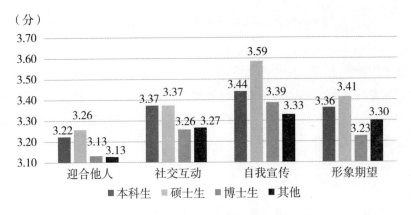

图 5-10　学历—网络印象管理维度（5 分制）

网络安全与隐私保护维度：不同学历的大学生之间安全感知及隐私关注能力差异显著（Sig.<0.001），而安全行为及隐私保护能力上不同学历大学生差异不显著。在安全感知及隐私关注指标和安全行为及隐私保护指标下，本科生的表现显著低于硕士生和博士生，硕士生和博士生表现差异不明显。

表5-17　学历—网络安全与隐私保护维度差异检验

指标	学历	N	Mean	SD	F	Sig.	偏 η2
安全感知 及隐私关注	本科生	6114	3.92	0.709	15.061	0.000	0.006
	硕士生	1427	4.06	0.685			
	博士生	287	4.05	0.734			
	其他	76	4.00	0.878			
安全行为 及隐私保护	本科生	6114	3.92	0.715	2.426	0.064	0.001
	硕士生	1427	3.95	0.692			
	博士生	287	3.95	0.751			
	其他	76	3.76	0.807			

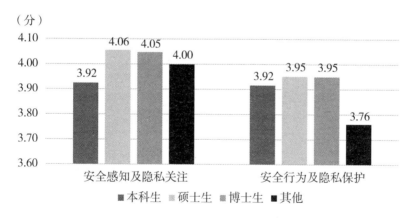

图5-11　学历—网络安全与隐私保护维度（5分制）

网络价值认知和行为维度：不同学历的大学生之间在网络规范认知和网络暴力认知能力上表现出显著的差异（Sig.<0.05），在网络行为规范能力上，不同学历的大学生差异不显著。在网络规范认知和网络暴力认知两个指标下，硕士生表现最好，本科生最差；在网络行为规范指标下，博士生表现优于硕士生和本科生。

表5-18　学历—网络价值认知和行为维度差异检验

指标	学历	N	Mean	SD	F	Sig.	偏 η2
网络规范认知	本科生	6114	3.96	0.709	8.505	0.000	0.003
	硕士生	1427	4.06	0.653			
	博士生	287	4.01	0.730			
	其他	76	3.90	0.816			
网络暴力认知	本科生	6114	3.90	1.001	2.646	0.047	0.001
	硕士生	1427	3.98	0.990			
	博士生	287	3.95	0.960			
	其他	76	3.93	1.034			
网络行为规范	本科生	6114	3.56	0.919	0.282	0.839	0.000
	硕士生	1427	3.56	0.916			
	博士生	287	3.60	0.922			
	其他	76	3.62	0.963			

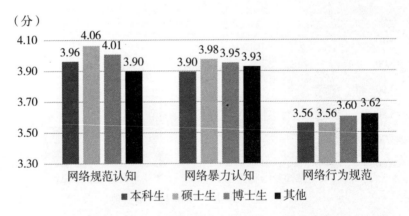

图5-12　学历—网络价值认知和行为维度（5分制）

（三）年级

上网注意力管理维度：不同年级的大学生在网络使用认知上表现出显著的差异（Sig.<0.001），而在网络行为控制和网络情感控制上差异则不显著。其中，博士三年级的学生网络使用认知、网络行为控制表现优于其他年级的大学生，本科一年级的大学生在三个方面表现均较差。

表 5-19　年级—上网注意力管理维度差异检验

指标	年级	N	Mean	SD	F	Sig.	偏 η2
网络使用认知	大一	2663	3.54	0.644	8.725	0.000	0.011
	大二	1616	3.57	0.652			
	大三	1064	3.65	0.581			
	大四	771	3.68	0.646			
	硕士一年级	607	3.69	0.625			
	硕士二年级	468	3.71	0.621			
	硕士三年级	352	3.67	0.690			
	博士一年级	128	3.74	0.591			
	博士二年级	75	3.62	0.636			
	博士三年级	84	3.83	0.684			
网络情感控制	大一	2663	3.33	0.733	1.271	0.241	0.002
	大二	1616	3.35	0.769			
	大三	1064	3.33	0.776			
	大四	771	3.33	0.790			
	硕士一年级	607	3.38	0.780			
	硕士二年级	468	3.32	0.770			
	硕士三年级	352	3.43	0.801			
	博士一年级	128	3.46	0.870			
	博士二年级	75	3.27	0.817			
	博士三年级	84	3.44	0.963			
网络行为控制	大一	2663	3.27	0.637	1.724	0.069	0.002
	大二	1616	3.30	0.648			
	大三	1064	3.32	0.623			
	大四	771	3.31	0.668			
	硕士一年级	607	3.33	0.622			
	硕士二年级	468	3.34	0.672			
	硕士三年级	352	3.31	0.691			
	博士一年级	128	3.30	0.719			
	博士二年级	75	3.43	0.670			
	博士三年级	84	3.43	0.729			

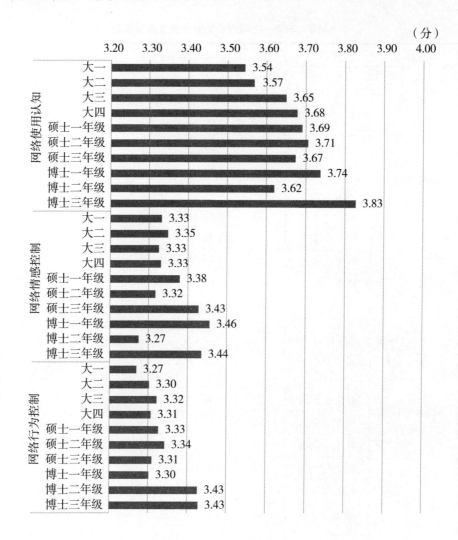

图 5-13　年级—上网注意力管理维度（5 分制）

网络信息搜索与利用维度：不同年级的大学生在信息搜索与分辨、信息保存与利用方面均表现出显著的差异（Sig.<0.001），不论是在本科阶段、硕士阶段还是博士阶段，高年级的大学生在信息搜索与分辨、信息保存与利用能力均高于低年级的学生。

表 5-20 年级—网络信息搜索与利用维度差异检验

指标	年级	N	Mean	SD	F	Sig.	偏 η2
信息搜索与分辨	大一	2663	3.57	0.643	13.353	0.000	0.017
	大二	1616	3.63	0.633			
	大三	1064	3.72	0.594			
	大四	771	3.75	0.642			
	硕士一年级	607	3.74	0.606			
	硕士二年级	468	3.77	0.600			
	硕士三年级	352	3.78	0.646			
	博士一年级	128	3.79	0.657			
	博士二年级	75	3.68	0.688			
	博士三年级	84	3.83	0.730			
信息保存与利用	大一	2663	3.55	0.640	17.800	0.000	0.022
	大二	1616	3.62	0.642			
	大三	1064	3.73	0.589			
	大四	771	3.78	0.657			
	硕士一年级	607	3.73	0.606			
	硕士二年级	468	3.77	0.620			
	硕士三年级	352	3.81	0.655			
	博士一年级	128	3.75	0.633			
	博士二年级	75	3.66	0.743			
	博士三年级	84	3.83	0.763			

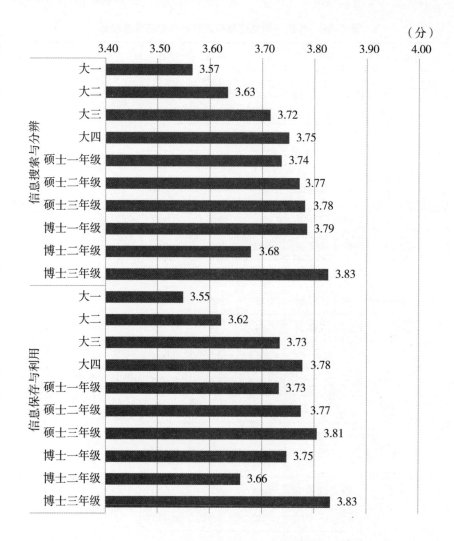

图 5-14　年级—网络信息搜索与利用维度（5分制）

网络信息分析与评价维度：不同年级的大学生在对信息的辨析和批判、对网络的主动认知和行动方面均表现出显著的差异（Sig.<0.001），不论是在本科阶段、硕士阶段还是博士阶段，高年级的大学生在对信息的辨析和批判能力均高于低年级的学生，而对网络的主动认知和行动方面，博士二年级和本科一年级的学生表现较差。

表 5-21　年级—网络信息分析与评价维度差异检验

指标	年级	N	Mean	SD	F	Sig.	偏 η2
对信息的辨析和批判	大一	2663	3.65	0.657	13.221	0.000	0.016
	大二	1616	3.74	0.666			
	大三	1064	3.84	0.599			
	大四	771	3.85	0.651			
	硕士一年级	607	3.80	0.622			
	硕士二年级	468	3.84	0.608			
	硕士三年级	352	3.85	0.656			
	博士一年级	128	3.85	0.720			
	博士二年级	75	3.68	0.705			
	博士三年级	84	3.89	0.714			
对网络的主动认知和行动	大一	2663	3.37	0.591	9.841	0.000	0.012
	大二	1616	3.46	0.630			
	大三	1064	3.51	0.651			
	大四	771	3.49	0.679			
	硕士一年级	607	3.57	0.683			
	硕士二年级	468	3.51	0.671			
	硕士三年级	352	3.53	0.663			
	博士一年级	128	3.56	0.668			
	博士二年级	75	3.47	0.694			
	博士三年级	84	3.59	0.664			

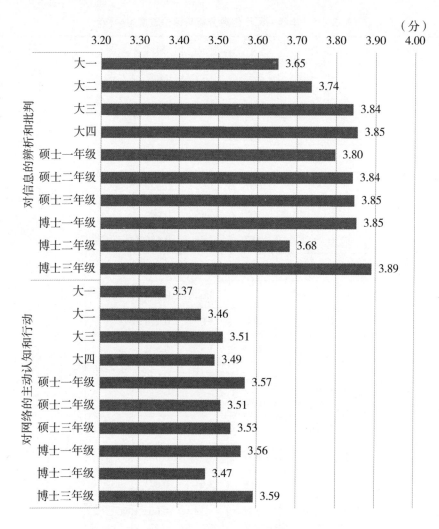

图5-15　年级—网络信息分析与评价维度（5分制）

网络印象管理维度：不同年级的大学生在迎合他人、社交互动、自我宣传、形象期望方面均表现出显著的差异（Sig.<0.05），在本科阶段，四个方面的能力随着年级的增长而有所提升；在硕士阶段，除自我宣传外，其他方面均为二年级的学生表现最佳；在博士阶段，在社交互动、形象期望方面三年级的学生表现最好，在迎合他人和自我宣传方面，二年级的学生表现最好。

表 5-22 年级—网络印象管理能力维度差异检验

指标	年级	N	Mean	SD	F	Sig.	偏 η2
迎合他人	大一	2663	3.18	0.704	3.421	0.000	0.004
	大二	1616	3.23	0.738			
	大三	1064	3.25	0.716			
	大四	771	3.32	0.736			
	硕士一年级	607	3.26	0.746			
	硕士二年级	468	3.28	0.710			
	硕士三年级	352	3.23	0.723			
	博士一年级	128	3.12	0.766			
	博士二年级	75	3.09	0.826			
	博士三年级	84	3.19	0.862			
社交互动	大一	2663	3.34	0.657	2.809	0.002	0.004
	大二	1616	3.37	0.703			
	大三	1064	3.40	0.669			
	大四	771	3.45	0.694			
	硕士一年级	607	3.38	0.717			
	硕士二年级	468	3.39	0.688			
	硕士三年级	352	3.34	0.681			
	博士一年级	128	3.26	0.720			
	博士二年级	75	3.27	0.751			
	博士三年级	84	3.24	0.784			
自我宣传	大一	2663	3.36	0.726	13.914	0.000	0.017
	大二	1616	3.45	0.765			
	大三	1064	3.51	0.755			
	大四	771	3.63	0.787			
	硕士一年级	607	3.56	0.767			
	硕士二年级	468	3.59	0.761			
	硕士三年级	352	3.60	0.744			
	博士一年级	128	3.33	0.851			
	博士二年级	75	3.34	0.755			
	博士三年级	84	3.50	0.816			
形象期望	大一	2663	3.31	0.690	6.096	0.000	0.008
	大二	1616	3.37	0.709			
	大三	1064	3.42	0.694			

续表

指标	年级	N	Mean	SD	F	Sig.	偏 η2
形象期望	大四	771	3.45	0.688	6.096	0.000	0.008
	硕士一年级	607	3.41	0.732			
	硕士二年级	468	3.44	0.711			
	硕士三年级	352	3.38	0.726			
	博士一年级	128	3.13	0.758			
	博士二年级	75	3.36	0.777			
	博士三年级	84	3.26	0.762			

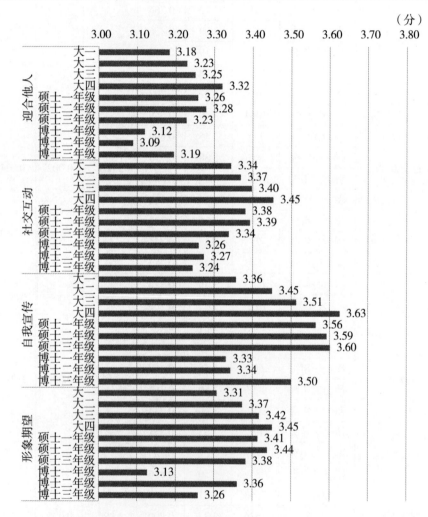

图 5-16　年级—网络印象管理能力维度（5 分制）

网络安全与隐私保护维度：不同年级的大学生之间在安全感知及隐私关注和安全行为及隐私保护方面表现出显著的差异（Sig.<0.001）。在安全感知及隐私关注和安全行为及隐私保护方面，均为硕士三年级和博士三年级的表现最佳。

表 5-23　年级—网络安全与隐私保护维度差异检验

指标	年级	N	Mean	SD	F	Sig.	偏 η2
安全感知 及隐私关注	大一	2663	3.80	0.714	19.905	0.000	0.025
	大二	1616	3.98	0.720			
	大三	1064	4.05	0.653			
	大四	771	4.05	0.674			
	硕士一年级	607	4.04	0.691			
	硕士二年级	468	4.06	0.679			
	硕士三年级	352	4.08	0.686			
	博士一年级	128	4.02	0.731			
	博士二年级	75	3.96	0.853			
	博士三年级	84	4.16	0.609			
安全行为 及隐私保护	大一	2663	3.85	0.733	6.135	0.000	0.008
	大二	1616	3.95	0.734			
	大三	1064	3.99	0.649			
	大四	771	3.98	0.679			
	硕士一年级	607	3.91	0.673			
	硕士二年级	468	3.96	0.688			
	硕士三年级	352	4.01	0.730			
	博士一年级	128	3.94	0.761			
	博士二年级	75	3.87	0.838			
	博士三年级	84	4.03	0.653			

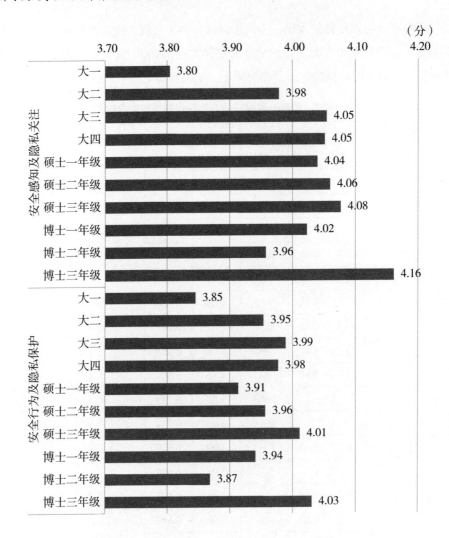

图 5-17　年级—网络安全与隐私保护维度（5分制）

　　网络价值认知和行为维度：不同年级的大学生之间在网络规范认知和网络暴力认知方面表现出显著的差异（Sig.<0.05），而在网络行为规范方面差异不显著。在网络规范认知和网络暴力认知方面，本科三年级、硕士三年级、博士三年级的学生表现最好；在网络行为规范方面，三个学历阶段上低年级的学生反而表现优于高年级的学生。

表5-24　年级—网络价值认知和行为维度差异检验

指标	年级	N	Mean	SD	F	Sig.	偏 η2
网络规范认知	大一	2663	3.87	0.731	11.858	0.000	0.015
	大二	1616	3.99	0.733			
	大三	1064	4.08	0.620			
	人四	771	4.04	0.651			
	硕士一年级	607	4.04	0.637			
	硕士二年级	468	4.06	0.651			
	硕士三年级	352	4.10	0.685			
	博士一年级	128	3.98	0.712			
	博士二年级	75	3.95	0.794			
	博士三年级	84	4.09	0.709			
网络暴力认知	大一	2663	3.85	0.994	2.291	0.011	0.003
	大二	1616	3.91	1.005			
	大三	1064	3.97	1.004			
	大四	771	3.94	1.008			
	硕士一年级	607	3.98	0.982			
	硕士二年级	468	3.94	1.005			
	硕士三年级	352	4.01	0.983			
	博士一年级	128	3.94	0.976			
	博士二年级	75	3.89	0.935			
	博士三年级	84	4.02	0.956			
网络行为规范	大一	2663	3.59	0.910	0.823	0.607	0.001
	大二	1616	3.54	0.925			
	大三	1064	3.55	0.930			
	大四	771	3.53	0.918			
	硕士一年级	607	3.57	0.917			
	硕士二年级	468	3.51	0.913			
	硕士三年级	352	3.62	0.919			
	博士一年级	128	3.62	0.872			
	博士二年级	75	3.56	0.860			
	博士三年级	84	3.62	1.050			

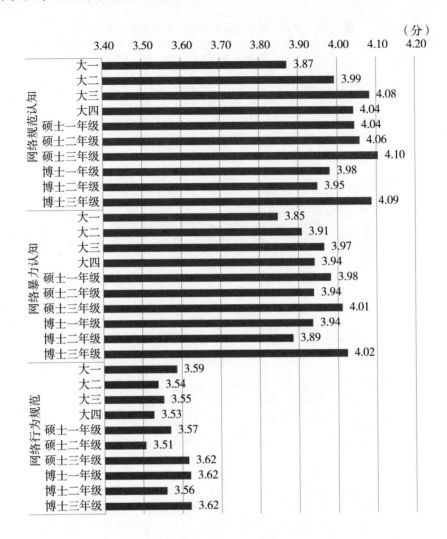

图 5-18　年级—网络价值认知和行为维度（5 分制）

（四）专业

上网注意力管理维度：不同专业大学生在网络使用认知、网络情感控制、网络行为控制方面具有显著的差异（Sig.<0.05）。在网络使用认知和网络行为控制方面，其表现均为理工类大学生最佳，艺术类大学生次之，文史类和其他类大学生最低。在网络情感控制方面，理工类大学生表现最佳，其次为其他类大学生，文史类和艺术类大学生得分相同。

表 5-25　专业—上网注意力管理维度差异检验

指标	专业	N	Mean	SD	F	Sig.	偏 η2
网络使用认知	文史类	3530	3.60	0.610	9.829	0.000	0.004
	理工类	2371	3.65	0.649			
	艺术类	1248	3.62	0.668			
	其他类	755	3.51	0.698			
网络情感控制	文史类	3530	3.32	0.737	3.517	0.014	0.001
	理工类	2371	3.38	0.782			
	艺术类	1248	3.32	0.804			
	其他类	755	3.37	0.800			
网络行为控制	文史类	3530	3.29	0.620	2.667	0.046	0.001
	理工类	2371	3.32	0.678			
	艺术类	1248	3.31	0.656			
	其他类	755	3.25	0.667			

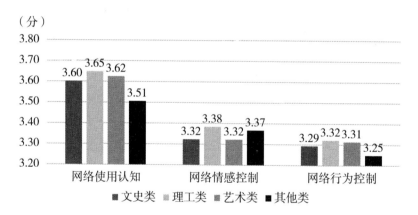

图 5-19　专业—上网注意力管理维度（5 分制）

网络信息搜索与利用维度：不同专业大学生在信息搜索与分辨、信息保存与利用方面差异显著（Sig.<0.001）。在信息搜索与分辨、信息保存与利用两个指标下，理工类大学生表现最好，其次为艺术类，再次为文史类，其他类专业大学生表现最差。

表 5-26　专业—网络信息搜索与利用维度差异检验

指标	专业	N	Mean	SD	F	Sig.	偏 η2
信息搜索与分辨	文史类	3530	3.66	0.601	21.147	0.000	0.008
	理工类	2371	3.70	0.650			
	艺术类	1248	3.68	0.665			
	其他类	755	3.49	0.688			
信息保存与利用	文史类	3530	3.67	0.608	23.995	0.000	0.009
	理工类	2371	3.69	0.657			
	艺术类	1248	3.67	0.667			
	其他类	755	3.47	0.683			

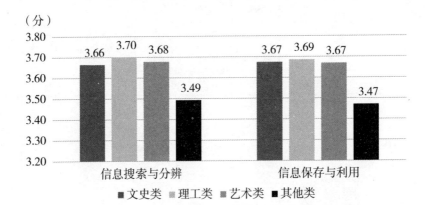

图 5-20　专业—网络信息搜索与利用维度（5 分制）

网络信息分析与评价维度：不同专业大学生在对信息的辨析和批判、对网络的主动认知和行动方面差异显著（Sig.<0.001）。在对信息的辨析和批判、对网络的主动认知和行动两个指标下，均为理工类大学生表现最好，其次为文史类，再次为艺术类，其他类专业大学生表现最差。

表 5-27　专业—网络信息分析与评价维度差异检验

指标	专业	N	Mean	SD	F	Sig.	偏 η2
对信息的辨析和批判	文史类	3530	3.78	0.618	34.039	0.000	0.013
	理工类	2371	3.81	0.669			
	艺术类	1248	3.70	0.668			
	其他类	755	3.55	0.702			

续表

指标	专业	N	Mean	SD	F	Sig.	偏 η2
对网络的主动 认知和行动	文史类	3530	3.47	0.637	11.623	0.000	0.004
	理工类	2371	3.49	0.657			
	艺术类	1248	3.41	0.630			
	其他类	755	3.35	0.596			

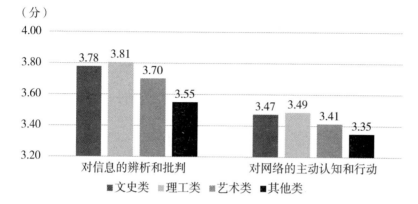

图 5-21　专业—网络信息分析与评价维度（5 分制）

网络印象管理维度：不同专业大学生在迎合他人、社交互动、自我宣传、形象期望四个方面均有显著差异（Sig.<0.001）。在迎合他人、自我宣传、形象期望三个指标下，文史类学生表现最佳，其次为艺术类专业大学生，其他类专业大学生表现最差；而在社交互动指标中，理工类专业大学生表现优于艺术类。

表 5-28　专业—网络印象管理维度差异检验

指标	专业	N	Mean	SD	F	Sig.	偏 η2
迎合他人	文史类	3530	3.30	0.720	26.011	0.000	0.010
	理工类	2371	3.19	0.747			
	艺术类	1248	3.19	0.679			
	其他类	755	3.07	0.734			
社交互动	文史类	3530	3.42	0.671	22.660	0.000	0.009
	理工类	2371	3.36	0.706			
	艺术类	1248	3.30	0.659			
	其他类	755	3.23	0.697			

续表

指标	专业	N	Mean	SD	F	Sig.	偏 η2
自我宣传	文史类	3530	3.55	0.734	39.853	0.000	0.015
	理工类	2371	3.37	0.807			
	艺术类	1248	3.51	0.715			
	其他类	755	3.30	0.759			
形象期望	文史类	3530	3.45	0.700	32.702	0.000	0.012
	理工类	2371	3.31	0.707			
	艺术类	1248	3.32	0.688			
	其他类	755	3.22	0.720			

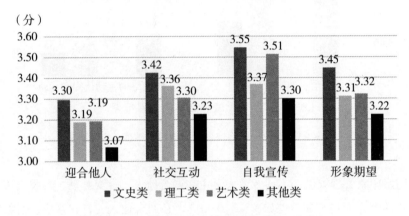

图 5-22　专业—网络印象管理维度（5 分制）

网络安全与隐私保护维度：不同专业大学生在安全感知及隐私关注、安全行为及隐私保护方面具有显著的差异（Sig.<0.001）。在安全感知及隐私关注、安全行为及隐私保护两个指标下，均为文史类大学生表现最佳，其次是理工类，再次是艺术类，其他类专业大学生表现最差。

表 5-29　专业—网络安全与隐私保护维度差异检验

指标	专业	N	Mean	SD	F	Sig.	偏 η2
安全感知及隐私关注	文史类	3530	4.01	0.673	47.282	0.000	0.018
	理工类	2371	3.98	0.706			
	艺术类	1248	3.90	0.741			
	其他类	755	3.69	0.764			

指标	专业	N	Mean	SD	F	Sig.	偏 η2
安全行为 及隐私保护	文史类	3530	3.96	0.677	20.091	0.000	0.008
	理工类	2371	3.93	0.726			
	艺术类	1248	3.92	0.751			
	其他类	755	3.74	0.747			

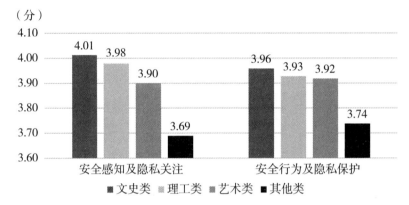

图 5-23 专业—网络安全与隐私保护维度（5 分制）

网络价值认知和行为维度：不同专业大学生在网络规范认知、网络暴力认知、网络行为规范三个方面均具有显著的差异（Sig.<0.05）。在网络规范认知和网络暴力认知两个指标下，文史类专业大学生表现最佳，其次为理工类、艺术类，其他类专业大学生表现最差；在网络行为规范指标下，理工类表现优于文史类和艺术类、其他类。

表 5-30 专业—网络价值认知和行为维度差异检验

指标	专业	N	Mean	SD	F	Sig.	偏 η2
网络规范认知	文史类	3530	4.03	0.667	36.093	0.000	0.014
	理工类	2371	4.01	0.706			
	艺术类	1248	3.94	0.734			
	其他类	755	3.74	0.744			
网络暴力认知	文史类	3530	3.96	0.977	12.875	0.000	0.005
	理工类	2371	3.95	1.023			
	艺术类	1248	3.81	1.001			
	其他类	755	3.76	0.994			

续表

指标	专业	N	Mean	SD	F	Sig.	偏 η2
网络行为规范	文史类	3530	3.57	0.915	5.103	0.002	0.002
	理工类	2371	3.60	0.941			
	艺术类	1248	3.50	0.894			
	其他类	755	3.50	0.895			

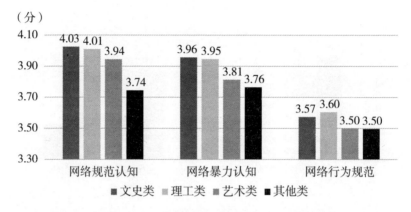

图 5-24 专业—网络价值认知和行为维度（5 分制）

（五）地区

上网注意力管理维度：不同地区的大学生在网络使用认知和网络行为控制方面具有显著的差异（Sig.<0.001），在网络使用认知方面差异尤其显著，而在网络情感控制方面则差异不显著。在网络使用认知、网络行为控制指导下均为东部地区大学生表现最好，中部地区大学生次之，西部地区大学生表现最差。

表 5-31 地区—上网注意力管理维度差异检验

指标	地区	N	Mean	SD	F	Sig.	偏 η2
网络使用认知	东部	3625	3.69	0.634	64.196	0.000	0.016
	中部	2224	3.59	0.640			
	西部	2055	3.49	0.635			
网络情感控制	东部	3625	3.36	0.787	2.007	0.134	0.001
	中部	2224	3.32	0.772			
	西部	2055	3.34	0.730			

指标	地区	N	Mean	SD	F	Sig.	偏 η2
网络行为控制	东部	3625	3.34	0.668	14.745	0.000	0.004
	中部	2224	3.29	0.650			
	西部	2055	3.25	0.604			

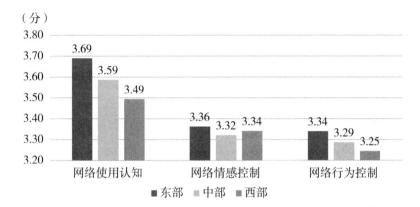

图 5-25 地区—上网注意力管理维度（5 分制）

网络信息搜索与利用维度：不同地区的大学生在信息搜索与分辨、信息保存与利用两个方面具有显著的差异（Sig.<0.001）。在两个指标下均表现为东部地区大学生最好，中部地区大学生次之，西部地区大学生最差。

表 5-32 地区—网络信息搜索与利用维度差异检验

指标	地区	N	Mean	SD	F	Sig.	偏 η2
信息搜索与分辨	东部	3625	3.77	0.627	134.938	0.000	0.033
	中部	2224	3.63	0.629			
	西部	2055	3.49	0.623			
信息保存与利用	东部	3625	3.78	0.629	163.213	0.000	0.040
	中部	2224	3.62	0.638			
	西部	2055	3.47	0.624			

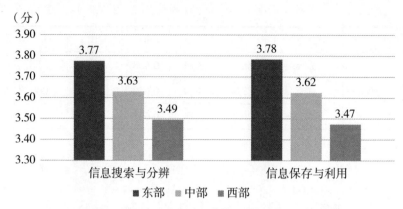

图 5-26　地区—网络信息搜索与利用维度（5分制）

网络信息分析与评价维度：不同地区的大学生在对信息的辨析和批判、对网络的主动认知和行动两个方面均表现出显著的差异（Sig.<0.001）。在两个指标下均表现为东部地区最好，中部地区次之，西部地区最差。

表 5-33　地区—网络信息分析与评价维度差异检验

指标	地区	N	Mean	SD	F	Sig.	偏 η2
对信息的 辨析和批判	东部	3625	3.87	0.633	140.395	0.000	0.034
	中部	2224	3.74	0.653			
	西部	2055	3.57	0.649			
对网络的主动 认知和行动	东部	3625	3.57	0.670	121.643	0.000	0.030
	中部	2224	3.38	0.620			
	西部	2055	3.33	0.563			

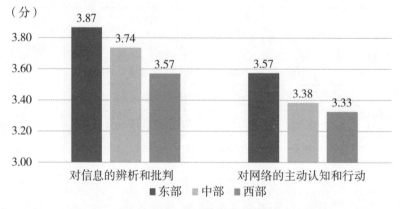

图 5-27　地区—网络信息分析与评价维度（5分制）

网络印象管理维度：不同地区的大学生在迎合他人、社交互动、自我宣传、形象期望四个方面均表现出显著的差异性（Sig.<0.001）。四个指标下均表现为东部地区大学生表现最好，中部地区大学生次之，西部地区大学生表现最差。

表5-34　地区—网络印象管理维度差异检验

指标	地区	N	Mean	SD	F	Sig.	偏 η2
迎合他人	东部	3625	3.28	0.757	31.767	0.000	0.008
	中部	2224	3.23	0.720			
	西部	2055	3.12	0.665			
社交互动	东部	3625	3.41	0.719	34.610	0.000	0.009
	中部	2224	3.40	0.667			
	西部	2055	3.26	0.629			
自我宣传	东部	3625	3.54	0.802	55.659	0.000	0.014
	中部	2224	3.47	0.747			
	西部	2055	3.32	0.680			
形象期望	东部	3625	3.43	0.733	52.451	0.000	0.013
	中部	2224	3.38	0.703			
	西部	2055	3.23	0.642			

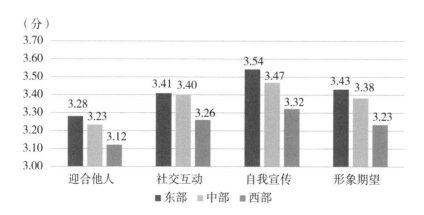

图5-28　地区—网络印象管理维度（5分制）

网络安全与隐私保护维度：不同地区的大学生在安全感知及隐私关注、安全行为及隐私保护两个方面均表现出显著的差异性（Sig.<0.001）。在安全感知及隐

私关注、安全行为及隐私保护两个方面均为东部地区大学生表现最好，中部地区次之，西部地区最差。

表5-35　地区—网络安全与隐私保护维度差异检验

指标	地区	N	Mean	SD	F	Sig.	偏 η2
安全感知及隐私关注	东部	3063	4.09	0.670	166.867	0.000	0.041
	中部	2105	3.93	0.701			
	西部	3957	3.74	0.731			
安全行为及隐私保护	东部	3063	3.99	0.685	65.382	0.000	0.016
	中部	2105	3.95	0.715			
	西部	3957	3.77	0.739			

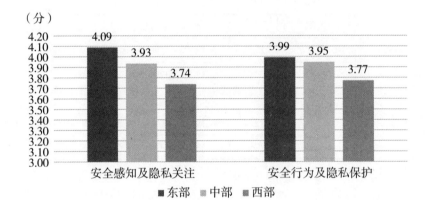

图5-29　地区—网络安全与隐私保护维度（5分制）

网络价值认知和行为维度：不同地区的大学生在网络规范认知、网络暴力认知、网络行为规范三个方面均表现出显著的差异性（Sig.<0.01）。在三个指标下均为东部地区大学生表现最好，中部地区大学生次之，西部地区的大学生表现最差。

表5-36　地区—网络价值认知和行为维度差异检验

指标	地区	N	Mean	SD	F	Sig.	偏 η2
网络规范认知	东部	3063	4.09	0.665	130.442	0.000	0.032
	中部	2105	3.98	0.689			
	西部	3957	3.78	0.737			

续表

指标	地区	N	Mean	SD	F	Sig.	偏 η2
网络暴力认知	东部	3063	4.01	0.988	37.943	0.000	0.010
	中部	2105	3.87	1.019			
	西部	3957	3.78	0.977			
网络行为规范	东部	3063	3.60	0.927	7.067	0.001	0.002
	中部	2105	3.54	0.936			
	西部	3957	3.52	0.881			

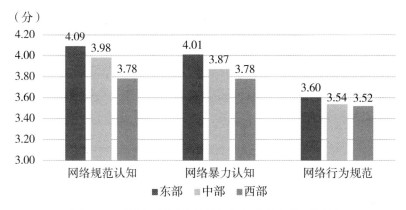

图 5-30 地区—网络价值认知和行为维度（5分制）

（六）户口

上网注意力管理维度：不同户口类型的大学生在网络使用认知、网络情感控制、网络行为控制三个方面均差异显著（Sig.<0.05），其中在网络使用认知方面差异度最高。在三个指标下，城市户口的大学生表现均优于农村户口的大学生。

表 5-37 户口—上网注意力管理维度差异检验

指标	户口	N	Mean	SD	F	Sig.	偏 η2
网络使用认知	城市	4331	3.69	0.637	157.514	0.000	0.020
	农村	3573	3.51	0.631			
网络情感控制	城市	4331	3.36	0.792	4.927	0.026	0.001
	农村	3573	3.32	0.738			
网络行为控制	城市	4331	3.34	0.668	32.454	0.000	0.004
	农村	3573	3.26	0.621			

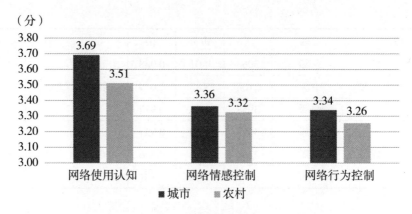

图 5-31　户口—上网注意力管理维度（5 分制）

　　网络信息搜索与利用维度：不同户口类型的大学生在信息搜索与分辨、信息保存与利用两个方面均差异显著（Sig.<0.001）。在这两个指标下，城市户口的大学生表现均优于农村户口的大学生。

表 5-38　户口—网络信息搜索与利用维度差异检验

指标	户口	N	Mean	SD	F	Sig.	偏 η2
信息搜索与分辨	城市	4331	3.77	0.635	299.269	0.000	0.036
	农村	3573	3.53	0.614			
信息保存与利用	城市	4331	3.78	0.642	332.098	0.000	0.040
	农村	3573	3.52	0.615			

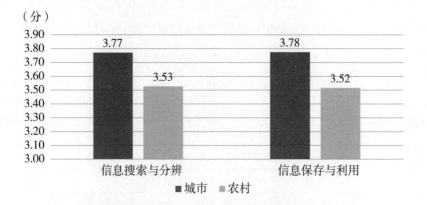

图 5-32　户口—网络信息搜索与利用维度（5 分制）

网络信息分析与评价维度：不同户口类型的大学生在对信息的辨析和批判、对网络的主动认知和行动两方面均表现出显著的差异性（Sig.<0.001）。在这两个指标下，城市户口的大学生表现均明显优于农村户口的大学生。

表5-39　户口—网络信息分析与评价维度差异检验

指标	户口	N	Mean	SD	F	Sig.	偏 $\eta 2$
对信息的辨析和批判	城市	4331	3.86	0.649	248.630	0.000	0.031
	农村	3573	3.63	0.638			
对网络的主动认知和行动	城市	4331	3.52	0.669	110.150	0.000	0.014
	农村	3573	3.37	0.591			

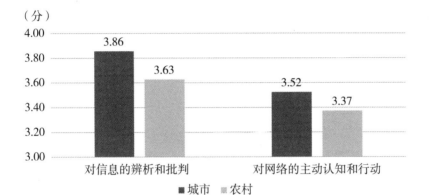

图5-33　户口—网络信息分析与评价维度（5分制）

网络印象管理维度：不同户口类型的大学生在迎合他人、社交互动、自我宣传、形象期望四个方面均具有显著的差异性（Sig.<0.001）。在四个指标下，城市户口的大学生表现均显著优于农村户口的大学生。

表5-40　户口—网络印象管理维度差异检验

指标	户口	N	Mean	SD	F	Sig.	偏 $\eta 2$
迎合他人	城市	4331	3.30	0.742	91.988	0.000	0.012
	农村	3573	3.14	0.697			
社交互动	城市	4331	3.42	0.707	64.970	0.000	0.008
	农村	3573	3.30	0.651			

续表

指标	户口	N	Mean	SD	F	Sig.	偏 η2
自我宣传	城市	4331	3.56	0.789	137.500	0.000	0.017
	农村	3573	3.35	0.712			
形象期望	城市	4331	3.43	0.729	73.470	0.000	0.009
	农村	3573	3.29	0.670			

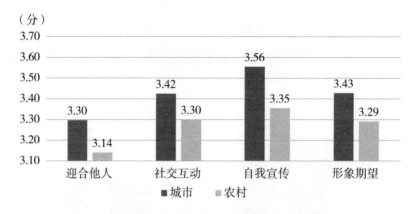

图 5-34 户口—网络印象管理维度（5 分制）

网络安全与隐私保护维度：不同户口类型的大学生在安全感知及隐私关注、安全行为及隐私保护两方面均表现出显著的差异性（Sig.<0.001）。在两个指标下，城市户口的大学生表现均优于农村户口的大学生。

表 5-41 户口—网络安全与隐私保护维度差异检验

指标	户口	N	Mean	SD	F	Sig.	偏 η2
安全感知及隐私关注	城市	4331	4.04	0.694	142.017	0.000	0.018
	农村	3573	3.85	0.714			
安全行为及隐私保护	城市	4331	3.98	0.704	57.748	0.000	0.007
	农村	3573	3.85	0.719			

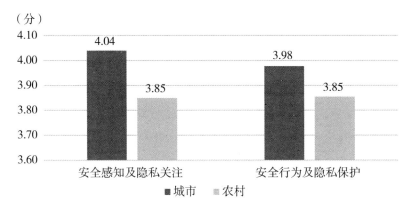

图 5-35　户口—网络安全与隐私保护维度（5 分制）

网络价值认知和行为维度：不同户口类型的大学生在网络规范认知、网络暴力认知两个指标下具有显著的差异性（Sig.<0.001），城市户口的大学生均明显优于农村户口的大学生；而在网络行为规范维度，城市户口的大学生与农村户口的大学生表现差异不显著，城市户口的大学生表现略好于农村户口的大学生。

表 5-42　户口—网络价值认知和行为维度差异检验

指标	户口	N	Mean	SD	F	Sig.	偏 η2
网络规范认知	城市	4331	4.07	0.685	160.426	0.000	0.020
	农村	3573	3.87	0.707			
网络暴力认知	城市	4331	3.96	1.004	19.537	0.000	0.002
	农村	3573	3.86	0.988			
网络行为规范	城市	4331	3.58	0.929	3.442	0.064	0.000
	农村	3573	3.54	0.906			

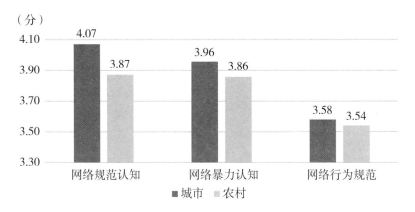

图 5-36　户口—网络价值认知和行为维度（5 分制）

（七）网络技能熟练度

上网注意力管理维度：不同网络技能熟练度的大学生在网络使用认知、网络行为控制两个指标下具有显著的差异（Sig.<0.001），在这两方面，网络技能熟练度越高，指标得分越高，表现越好；而在网络情感控制指标中，差异不显著，其中网络技能非常不熟练的学生得分最高，其次为比较熟练者，网络技能熟练度最高的反而情感控制能力最低。

表 5-43　网络技能熟练度—上网注意力管理维度差异检验

指标	网络技能熟练度	N	Mean	SD	F	Sig.	偏 η2
网络使用认知	非常不熟练	78	3.19	0.994	76.921	0.000	0.037
	不熟练	181	3.40	0.626			
	一般	1684	3.46	0.587			
	比较熟练	2702	3.57	0.564			
	非常熟练	3259	3.74	0.688			
网络情感控制	非常不熟练	78	3.39	1.009	1.172	0.321	0.001
	不熟练	181	3.33	0.800			
	一般	1684	3.35	0.686			
	比较熟练	2702	3.36	0.692			
	非常熟练	3259	3.32	0.855			
网络行为控制	非常不熟练	78	3.06	0.975	13.078	0.000	0.007
	不熟练	181	3.20	0.664			
	一般	1684	3.24	0.593			
	比较熟练	2702	3.30	0.581			
	非常熟练	3259	3.35	0.710			

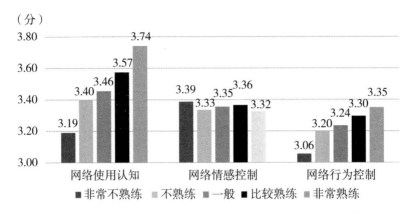

图 5-37　网络技能熟练度—上网注意力管理维度（5 分制）

网络信息搜索与利用维度：不同网络技能熟练度的大学生在信息搜索与分辨、信息保存与利用两个方面都具有显著的差异（Sig.<0.001）。在在信息搜索与分辨和信息保存与利用两个指标下，都是网络技能熟练度越高的大学生表现越好。

表 5-44　网络技能熟练度—网络信息搜索与利用维度差异检验

指标	网络技能熟练度	N	Mean	SD	F	Sig.	偏 η2
信息搜索与 分辨	非常不熟练	78	3.26	0.941	149.287	0.000	0.070
	不熟练	181	3.37	0.641			
	一般	1684	3.43	0.558			
	比较熟练	2702	3.62	0.554			
	非常熟练	3259	3.84	0.676			
信息保存与 利用	非常不熟练	78	3.21	0.937	177.133	0.000	0.082
	不熟练	181	3.26	0.634			
	一般	1684	3.41	0.546			
	比较熟练	2702	3.62	0.554			
	非常熟练	3259	3.85	0.684			

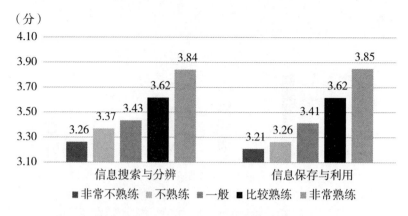

图 5-38　网络技能熟练度—网络信息搜索与利用维度（5分制）

　　网络信息分析与评价维度：不同网络技能熟练度的大学生在对信息的辨析和批判、对网络的主动认知和行动两个方面都具有显著的差异（Sig.<0.001）。在对信息的辨析和批判指标下，网络使用技能越熟练的大学生表现越好；在对网络的主动认知和行动指标下，网络使用不熟练和非常熟练的大学生表现更好。

表 5-45　网络技能熟练度—网络信息分析与评价维度差异检验

指标	网络技能熟练度	N	Mean	SD	F	Sig.	偏 η2
对信息的辨析和批判	非常不熟练	78	3.46	0.981	84.894	0.000	0.041
	不熟练	181	3.55	0.668			
	一般	1684	3.57	0.596			
	比较熟练	2702	3.72	0.594			
	非常熟练	3259	3.90	0.687			
对网络的主动认知和行动	非常不熟练	78	3.38	0.783	4.995	0.001	0.003
	不熟练	181	3.49	0.632			
	一般	1684	3.40	0.569			
	比较熟练	2702	3.45	0.591			
	非常熟练	3259	3.49	0.704			

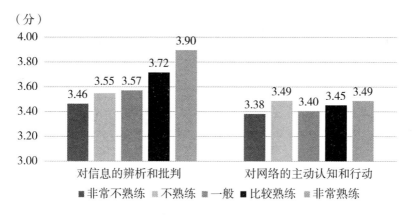

图 5-39　网络技能熟练度—网络信息分析与评价维度（5分制）

网络印象管理维度：不同网络技能熟练度的大学生在迎合他人、社交互动、自我宣传、形象期望四个方面都具有显著的差异（Sig.<0.001）。在四个细分指标下均呈现出随着网络技能使用熟练度的提升，大学生的表现相对更好的趋势。

表 5-46　网络技能熟练度—网络印象管理维度差异检验

指标	网络技能熟练度	N	Mean	SD	F	Sig.	偏 $\eta 2$
迎合他人	非常不熟练	78	2.73	1.200	73.196	0.000	0.036
	不熟练	181	2.98	0.741			
	一般	1684	3.05	0.657			
	比较熟练	2702	3.19	0.649			
	非常熟练	3259	3.37	0.773			
社交互动	非常不熟练	78	2.83	1.145	85.797	0.000	0.042
	不熟练	181	3.11	0.697			
	一般	1684	3.19	0.610			
	比较熟练	2702	3.34	0.612			
	非常熟练	3259	3.51	0.728			

续表

指标	网络技能熟练度	N	Mean	SD	F	Sig.	偏 η2
自我宣传	非常不熟练	78	2.76	1.135	146.849	0.000	0.069
	不熟练	181	2.99	0.816			
	一般	1684	3.20	0.671			
	比较熟练	2702	3.45	0.673			
	非常熟练	3259	3.66	0.796			
形象期望	非常不熟练	78	3.08	1.054	84.283	0.000	0.041
	不熟练	181	3.11	0.756			
	一般	1684	3.16	0.625			
	比较熟练	2702	3.34	0.625			
	非常熟练	3259	3.51	0.760			

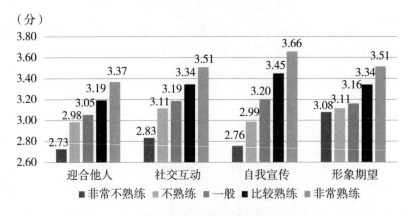

图5-40　网络技能熟练度—网络印象管理维度（5分制）

网络安全与隐私保护维度：不同网络技能熟练度的大学生在安全感知及隐私关注、安全行为及隐私保护两个方面都具有显著的差异（Sig.<0.001）。在这两个细分指标下，均呈现出随着网络技能使用熟练度的提升，大学生的表现越好的趋势。

表 5-47　网络技能熟练度—网络安全与隐私保护维度差异检验

指标	网络技能熟练度	N	Mean	SD	F	Sig.	偏 η^2
安全感知及隐私关注	非常不熟练	78	3.62	1.055	42.316	0.000	0.021
	不熟练	181	3.81	0.784			
	一般	1684	3.81	0.697			
	比较熟练	2702	3.93	0.664			
	非常熟练	3259	4.06	0.719			
安全行为及隐私保护	非常不熟练	78	3.62	0.958	45.721	0.000	0.023
	不熟练	181	3.72	0.753			
	一般	1684	3.78	0.699			
	比较熟练	2702	3.90	0.672			
	非常熟练	3259	4.03	0.726			

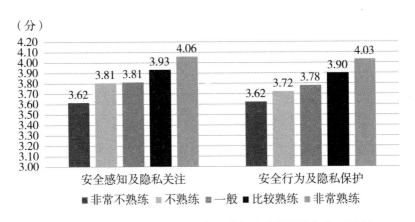

图 5-41　网络技能熟练度—网络安全与隐私保护维度（5分制）

网络价值认知和行为维度：不同网络技能熟练度的大学生在网络规范认知、网络暴力认知、网络行为规范三个方面都具有显著的差异（Sig.<0.05）。在网络规范认知指标下，网络使用技能非常熟练者得分最高，其次为比较熟练者；在网络暴力认知指标下，网络使用技能比较熟练和不熟练者得分较高；在网络行为规范指标下，网络使用技能比较熟练和一般者得分较高。

表 5-48　网络技能熟练度—网络价值认知和行为维度差异检验

指标	网络技能熟练度	N	Mean	SD	F	Sig.	偏 η2
网络规范认知	非常不熟练	78	3.73	1.028	48.415	0.000	0.024
	不熟练	181	3.84	0.740			
	一般	1684	3.83	0.693			
	比较熟练	2702	3.96	0.654			
	非常熟练	3259	4.10	0.713			
网络暴力认知	非常不熟练	78	3.71	1.262	2.785	0.025	0.001
	不熟练	181	3.95	0.994			
	一般	1684	3.90	0.953			
	比较熟练	2702	3.96	0.935			
	非常熟练	3259	3.89	1.062			
网络行为规范	非常不熟练	78	3.52	1.142	4.619	0.001	0.002
	不熟练	181	3.59	0.917			
	一般	1684	3.61	0.870			
	比较熟练	2702	3.60	0.855			
	非常熟练	3259	3.51	0.984			

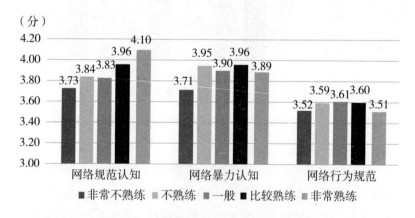

图 5-42　网络技能熟练度—网络价值认知和行为维度（5分制）

（八）上网时长

上网注意力管理维度：不同上网时长的大学生在网络使用认知、网络情感控制、网络行为控制三个方面均表现出显著的差异性（Sig.<0.01）。在三个指标下，

上网时长为1—3小时的大学生得分均为最高；在网络使用认知和网络情感控制两个指标中，上网时长低于1小时和高于8小时者表现最差；在网络行为控制指标中，上网时长为5—8小时和8小时以上者表现最差。

表 5-49　上网时长—上网注意力管理维度差异检验

指标	上网时长	N	Mean	SD	F	Sig.	偏 η2
网络使用认知	1 小时以下	180	3.45	1.130	4.048	0.003	0.002
	1—3 小时	1321	3.65	0.667			
	3—5 小时	2891	3.61	0.608			
	5—8 小时	2512	3.60	0.586			
	8 小时以上	1000	3.60	0.704			
网络情感控制	1 小时以下	180	3.00	1.208	32.623	0.000	0.016
	1—3 小时	1321	3.44	0.783			
	3—5 小时	2891	3.41	0.716			
	5—8 小时	2512	3.32	0.729			
	8 小时以上	1000	3.18	0.835			
网络行为控制	1 小时以下	180	3.34	1.117	21.401	0.000	0.011
	1—3 小时	1321	3.41	0.663			
	3—5 小时	2891	3.33	0.593			
	5—8 小时	2512	3.25	0.608			
	8 小时以上	1000	3.20	0.734			

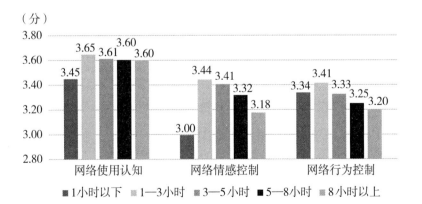

图 5-43　上网时长—上网注意力管理维度（5分制）

网络信息搜索与利用维度：不同上网时长的大学生在信息搜索与分辨、信息保存与利用两个方面均表现出显著的差异性（Sig.<0.01）。在两个细分指标中，均呈现出随着大学生上网时长的增加，信息搜索与分辨能力、信息保存与利用能力更高的趋势。

表 5-50　上网时长—网络信息搜索与利用维度差异检验

指标	上网时长	N	Mean	SD	F	Sig.	偏 η2
信息搜索与分辨	1 小时以下	180	3.50	1.048	4.887	0.001	0.002
	1—3 小时	1321	3.65	0.660			
	3—5 小时	2891	3.65	0.606			
	5—8 小时	2512	3.68	0.592			
	8 小时以上	1000	3.70	0.698			
信息保存与利用	1 小时以下	180	3.45	1.026	9.928	0.000	0.005
	1—3 小时	1321	3.62	0.665			
	3—5 小时	2891	3.64	0.613			
	5—8 小时	2512	3.69	0.594			
	8 小时以上	1000	3.72	0.711			

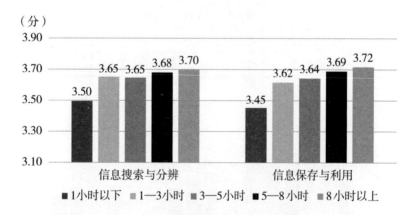

图 5-44　上网时长—网络信息搜索与利用维度（5 分制）

网络信息分析与评价维度：不同上网时长的大学生在对信息的辨析和批判、对网络的主动认知和行动两个方面均表现出显著的差异性（Sig.<0.001）。在两个指标中，均呈现出随着大学生上网时长的增加，对信息的辨析和批判能力、对网

络的主动认知和行动能力更高的趋势。

表 5-51 上网时长—网络信息分析与评价维度差异检验

指标	上网时长	N	Mean	SD	F	Sig.	偏 η2
对信息的辨析和批判	1 小时以下	180	3.49	1.028	9.069	0.000	0.005
	1—3 小时	1321	3.73	0.673			
	3—5 小时	2891	3.75	0.630			
	5—8 小时	2512	3.77	0.612			
	8 小时以上	1000	3.79	0.700			
对网络的主动认知和行动	1 小时以下	180	3.05	0.703	21.018	0.000	0.011
	1—3 小时	1321	3.43	0.638			
	3—5 小时	2891	3.47	0.610			
	5—8 小时	2512	3.48	0.640			
	8 小时以上	1000	3.45	0.683			

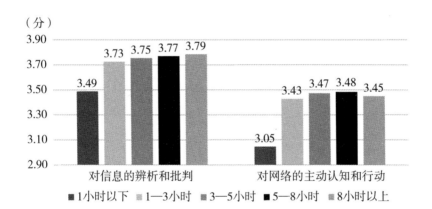

图 5-45 上网时长—网络信息分析与评价维度（5 分制）

网络印象管理维度：不同上网时长的大学生在迎合他人、社交互动、自我宣传、形象期望四个方面均表现出显著的差异性（Sig.<0.001）。在四个指标中，均表现为：上网时长为 8 小时以上的大学生得分均分最高，表现最好；上网时长在 1-3 小时的大学生得分均分最低，表现最差。

表5-52　上网时长—网络印象管理能力维度差异检验

指标	上网时长	N	Mean	SD	F	Sig.	偏 η2
迎合他人	1小时以下	180	3.24	1.055	22.837	0.000	0.011
	1—3小时	1321	3.10	0.731			
	3—5小时	2891	3.19	0.689			
	5—8小时	2512	3.29	0.702			
	8小时以上	1000	3.34	0.782			
社交互动	1小时以下	180	3.30	1.038	15.045	0.000	0.008
	1—3小时	1321	3.27	0.687			
	3—5小时	2891	3.35	0.650			
	5—8小时	2512	3.41	0.658			
	8小时以上	1000	3.46	0.747			
自我宣传	1小时以下	180	3.35	1.079	24.491	0.000	0.012
	1—3小时	1321	3.32	0.744			
	3—5小时	2891	3.43	0.733			
	5—8小时	2512	3.54	0.742			
	8小时以上	1000	3.56	0.809			
形象期望	1小时以下	180	3.31	1.059	43.698	0.000	0.022
	1—3小时	1321	3.21	0.710			
	3—5小时	2891	3.32	0.668			
	5—8小时	2512	3.44	0.668			
	8小时以上	1000	3.54	0.763			

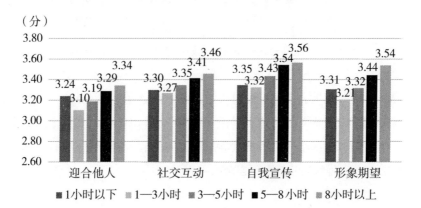

图5-46　上网时长—网络印象管理能力维度（5分制）

网络安全与隐私保护维度：不同上网时长的大学生在安全感知及隐私关注、安全行为及隐私保护两个方面均表现出显著的差异性（Sig.<0.001）。在两个指标下，均表现为上网时长在5-8小时的大学生得分最高，1小时以下者得分最低。

表5-53 上网时长—网络安全与隐私保护维度差异检验

指标	上网时长	N	Mean	SD	F	Sig.	偏 η^2
安全感知及隐私关注	1小时以下	180	3.54	1.092	24.134	0.000	0.012
	1—3小时	1321	3.89	0.726			
	3—5小时	2891	3.95	0.681			
	5—8小时	2512	4.02	0.663			
	8小时以上	1000	3.98	0.757			
安全行为及隐私保护	1小时以下	180	3.58	1.109	13.450	0.000	0.007
	1—3小时	1321	3.91	0.743			
	3—5小时	2891	3.92	0.683			
	5—8小时	2512	3.97	0.669			
	8小时以上	1000	3.90	0.758			

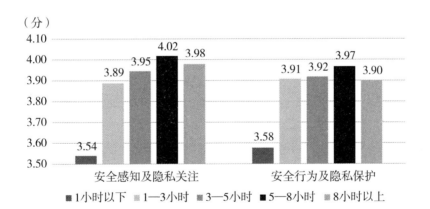

图5-47 上网时长—网络安全与隐私保护维度（5分制）

网络价值认知和行为维度：不同上网时长的大学生在网络规范认知、网络暴力认知、网络行为规范三个方面均表现出显著的差异性（Sig.<0.001）。在网络规范认知和网络暴力认知两个指标下，上网时长为5—8小时的大学生得分最高；在网络行为规范指标下，上网时长为3—5小时的大学生得分最高。

表 5-54 上网时长—网络价值认知和行为维度差异检验

指标	上网时长	N	Mean	SD	F	Sig.	偏 η2
网络规范认知	1 小时以下	180	3.60	1.042	16.797	0.000	0.008
	1—3 小时	1321	3.95	0.748			
	3—5 小时	2891	3.97	0.674			
	5—8 小时	2512	4.03	0.653			
	8 小时以上	1000	4.00	0.738			
网络暴力认知	1 小时以下	180	3.04	1.254	42.425	0.000	0.021
	1—3 小时	1321	3.91	1.006			
	3—5 小时	2891	3.96	0.952			
	5—8 小时	2512	3.97	0.957			
	8 小时以上	1000	3.80	1.085			
网络行为规范	1 小时以下	180	2.96	1.194	35.624	0.000	0.018
	1—3 小时	1321	3.67	0.929			
	3—5 小时	2891	3.62	0.879			
	5—8 小时	2512	3.56	0.888			
	8 小时以上	1000	3.39	0.971			

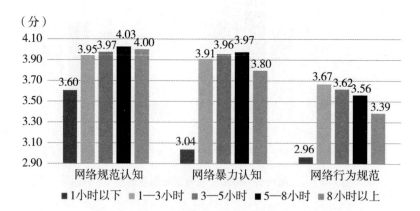

图 5-48 上网时长—网络价值认知和行为维度（5 分制）

三、家庭影响因素的分析

（一）父亲学历

上网注意力管理维度：父亲学历不同的大学生在网络使用认知和网络行为控制上呈现出显著的差异性（Sig.<0.001），在这两个指标下，总体呈现出随着父亲学历的上升大学生的表现更好的趋势；而在网络情感控制指标方面，父亲学历不同的大学生差异不显著，其中父亲学历为高中和本科的大学生的网络情感控制能力更佳。

表5-55　父亲学历—上网注意力管理维度差异检验

指标	父亲学历	N	Mean	SD	F	Sig.	偏 η 2
网络使用认知	小学	878	3.48	0.666	20.680	0.000	0.015
	初中	2234	3.54	0.614			
	高中/中专/技校	1962	3.63	0.616			
	大专	1053	3.66	0.631			
	本科	1431	3.73	0.650			
	硕士及以上	320	3.68	0.750			
网络情感控制	小学	878	3.30	0.731	1.777	0.100	0.001
	初中	2234	3.35	0.729			
	高中/中专/技校	1962	3.36	0.754			
	大专	1053	3.33	0.766			
	本科	1431	3.37	0.827			
	硕士及以上	320	3.26	0.910			
网络行为控制	小学	878	3.23	0.652	6.077	0.000	0.005
	初中	2234	3.27	0.602			
	高中/中专/技校	1962	3.31	0.630			
	大专	1053	3.33	0.651			
	本科	1431	3.36	0.695			
	硕士及以上	320	3.31	0.767			

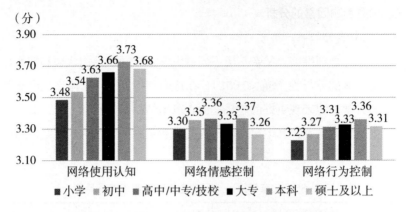

图 5-49　父亲学历一上网注意力管理维度（5 分制）

网络信息搜索与利用维度：父亲学历不同的大学生在信息搜索与分辨、信息保存与利用两方面均呈现出显著的差异性（Sig.<0.001），在两个指标下均呈现随着父亲学历的上升，大学生表现更好的趋势，其中父亲为本科学历的大学生表现最好。

表 5-56　父亲学历一网络信息搜索与利用维度差异检验

指标	父亲学历	N	Mean	SD	F	Sig.	偏 η2
信息搜索与分辨	小学	878	3.49	0.633	40.416	0.000	0.030
	初中	2234	3.56	0.598			
	高中/中专/技校	1962	3.67	0.620			
	大专	1053	3.77	0.608			
	本科	1431	3.81	0.648			
	硕士及以上	320	3.75	0.785			
信息保存与利用	小学	878	3.49	0.633	46.348	0.000	0.034
	初中	2234	3.55	0.603			
	高中/中专/技校	1962	3.66	0.622			
	大专	1053	3.78	0.614			
	本科	1431	3.82	0.655			
	硕士及以上	320	3.74	0.786			

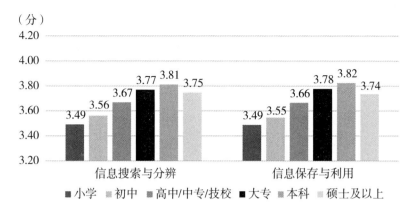

图 5-50　父亲学历—网络信息搜索与利用维度（5 分制）

　　网络信息分析与评价维度：父亲学历不同的大学生在对信息的辨析和批判、对网络的主动认知和行动两方面均呈现出显著的差异性（Sig.<0.001），在两个指标下均呈现随着父亲学历的上升，大学生表现更好的趋势，其中父亲为本科学历的大学生表现最好。

表 5-57　父亲学历—网络信息分析与评价维度差异检验

指标	父亲学历	N	Mean	SD	F	Sig.	偏 η^2
对信息的辨析和批判	小学	878	3.60	0.663	33.306	0.000	0.025
	初中	2234	3.66	0.628			
	高中 / 中专 / 技校	1962	3.75	0.630			
	大专	1053	3.85	0.635			
	本科	1431	3.90	0.656			
	硕士及以上	320	3.85	0.769			
对网络的主动认知和行动	小学	878	3.34	0.614	16.857	0.000	0.013
	初中	2234	3.40	0.588			
	高中 / 中专 / 技校	1962	3.46	0.621			
	大专	1053	3.54	0.653			
	本科	1431	3.56	0.698			
	硕士及以上	320	3.45	0.732			

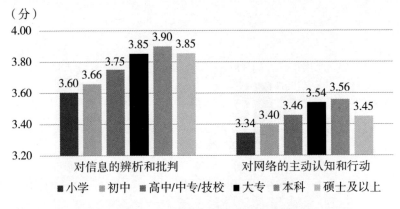

图 5-51 父亲学历—网络信息分析与评价维度（5 分制）

网络印象管理维度：父亲学历不同的大学生在迎合他人、社交互动、自我宣传、形象期望四方面均呈现出显著的差异性（Sig.<0.001），在四个指标下均呈现随着父亲学历的上升，大学生表现更好的趋势，其中父亲为本科和大专学历的大学生表现更好。

表 5-58 父亲学历—网络印象管理维度差异检验

指标	父亲学历	N	Mean	SD	F	Sig.	偏 η2
迎合他人	小学	878	3.10	0.696	15.858	0.000	0.012
	初中	2234	3.17	0.709			
	高中 / 中专 / 技校	1962	3.21	0.707			
	大专	1053	3.34	0.716			
	本科	1431	3.32	0.755			
	硕士及以上	320	3.29	0.843			
社交互动	小学	878	3.27	0.672	8.658	0.000	0.007
	初中	2234	3.33	0.643			
	高中 / 中专 / 技校	1962	3.36	0.663			
	大专	1053	3.44	0.698			
	本科	1431	3.43	0.734			
	硕士及以上	320	3.40	0.802			

指标	父亲学历	N	Mean	SD	F	Sig.	偏 η2
自我宣传	小学	878	3.34	0.737	18.771	0.000	0.014
	初中	2234	3.39	0.714			
	高中/中专/技校	1962	3.46	0.752			
	大专	1053	3.57	0.775			
	本科	1431	3.58	0.797			
	硕士及以上	320	3.57	0.861			
形象期望	小学	878	3.27	0.669	10.970	0.000	0.008
	初中	2234	3.33	0.672			
	高中/中专/技校	1962	3.34	0.701			
	大专	1053	3.47	0.710			
	本科	1431	3.44	0.747			
	硕士及以上	320	3.42	0.792			

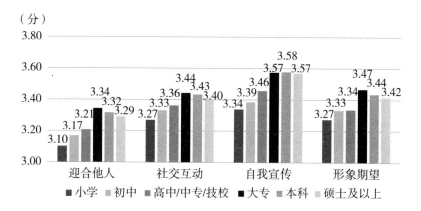

图 5-52 父亲学历—网络印象管理维度（5分制）

网络安全与隐私保护维度：父亲学历不同的大学生在安全感知及隐私关注、安全行为及隐私保护两方面均呈现出显著的差异性（Sig.<0.001），在两个指标下均呈现随着父亲学历的上升，大学生表现更好的趋势，其中父亲为本科和大专学历的大学生表现更好。

表 5-59　父亲学历—网络安全与隐私保护维度差异检验

指标	父亲学历	N	Mean	SD	F	Sig.	偏 η2
安全感知及隐私关注	小学	878	3.80	0.738	19.474	0.000	0.015
	初中	2234	3.89	0.692			
	高中/中专/技校	1962	3.96	0.704			
	大专	1053	4.05	0.689			
	本科	1431	4.06	0.690			
	硕士及以上	320	3.98	0.780			
安全行为及隐私保护	小学	878	3.79	0.742	10.051	0.000	0.008
	初中	2234	3.88	0.701			
	高中/中专/技校	1962	3.95	0.708			
	大专	1053	3.98	0.677			
	本科	1431	3.99	0.706			
	硕士及以上	320	3.91	0.812			

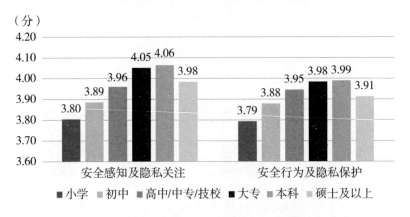

图 5-53　父亲学历—网络安全与隐私保护维度（5 分制）

网络价值认知和行为维度：父亲学历不同的大学生在网络规范认知、网络暴力认知、网络行为规范三方面均呈现出显著的差异性（Sig.<0.01），在网络规范认知指标下呈现出随着父亲学历上升，大学生表现更好的趋势；在网络暴力认知和网络行为规范指标下，父亲学历为本科和高中的大学生表现更好。

表 5-60 父亲学历—网络价值认知和行为维度差异检验

指标	父亲学历	N	Mean	SD	F	Sig.	偏 η2
网络规范认知	小学	878	3.81	0.747	21.774	0.000	0.016
	初中	2234	3.92	0.676			
	高中/中专/技校	1962	3.99	0.699			
	大专	1053	4.07	0.660			
	本科	1431	4.10	0.687			
	硕士及以上	320	4.01	0.811			
网络暴力认知	小学	878	3.84	1.020	3.382	0.002	0.003
	初中	2234	3.89	0.970			
	高中/中专/技校	1962	3.95	0.960			
	大专	1053	3.92	1.029			
	本科	1431	3.97	1.022			
	硕士及以上	320	3.76	1.110			
网络行为规范	小学	878	3.53	0.908	2.967	0.007	0.002
	初中	2234	3.55	0.890			
	高中/中专/技校	1962	3.61	0.888			
	大专	1053	3.53	0.941			
	本科	1431	3.61	0.960			
	硕士及以上	320	3.43	1.006			

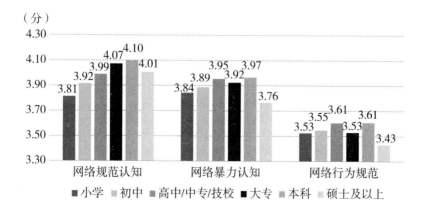

图 5-54 父亲学历—网络价值认知和行为维度（5分制）

（二）母亲学历

上网注意力管理维度：母亲学历不同的大学生在网络使用认知、网络情感控制、网络行为控制三个方面均具有显著的差异（Sig.<0.001）。在网络使用认知和网络行为控制两个指标下，呈现出随着母亲学历的升高，大学生的表现更好的趋势；在网络情感控制指标下，母亲学历为大专的大学生表现最好，其次是本科和高中。

表5–61　母亲学历—上网注意力管理维度差异检验

指标	母亲学历	N	Mean	SD	F	Sig.	偏 η2
网络使用认知	小学	1355	3.47	0.631	25.533	0.000	0.019
	初中	2187	3.56	0.614			
	高中/中专/技校	1842	3.63	0.613			
	大专	1000	3.69	0.656			
	本科	1249	3.74	0.660			
	硕士及以上	214	3.73	0.787			
网络情感控制	小学	1355	3.30	0.734	5.093	0.000	0.004
	初中	2187	3.34	0.732			
	高中/中专/技校	1842	3.37	0.751			
	大专	1000	3.39	0.776			
	本科	1249	3.37	0.824			
	硕士及以上	214	3.13	0.983			
网络行为控制	小学	1355	3.24	0.636	6.484	0.000	0.005
	初中	2187	3.27	0.607			
	高中/中专/技校	1842	3.30	0.617			
	大专	1000	3.34	0.675			
	本科	1249	3.35	0.703			
	硕士及以上	214	3.44	0.838			

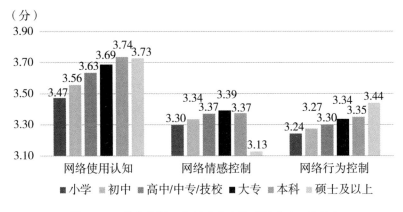

图 5-55 母亲学历—上网注意力管理维度（5 分制）

网络信息搜索与利用维度：母亲学历不同的大学生在信息搜索与分辨、信息保存与利用两个方面均具有显著的差异（Sig.<0.001）。在两个指标下均呈现出随着母亲学历的上升，大学生的表现更好的趋势，其中母亲为本科学历的大学生表现最佳。

表 5-62 母亲学历—网络信息搜索与利用维度差异检验

指标	母亲学历	N	Mean	SD	F	Sig.	偏 η2
信息搜索与分辨	小学	1355	3.48	0.610	45.722	0.000	0.034
	初中	2187	3.59	0.592			
	高中/中专/技校	1842	3.70	0.614			
	大专	1000	3.78	0.644			
	本科	1249	3.82	0.659			
	硕士及以上	214	3.74	0.847			
信息保存与利用	小学	1355	3.47	0.613	52.798	0.000	0.039
	初中	2187	3.58	0.591			
	高中/中专/技校	1842	3.69	0.625			
	大专	1000	3.79	0.649			
	本科	1249	3.83	0.662			
	硕士及以上	214	3.77	0.845			

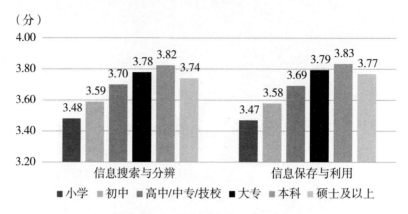

图 5-56　母亲学历—网络信息搜索与利用维度（5 分制）

网络信息分析与评价维度：母亲学历不同的大学生在对信息的辨析和批判、对网络的主动认知和行动两个方面均具有显著的差异（Sig.<0.001）。在两个指标下均呈现出随着母亲学历的上升，大学生表现更好的趋势，其中母亲为本科学历的表现最佳。

表 5-63　母亲学历—网络信息分析与评价维度差异检验

指标	母亲学历	N	Mean	SD	F	Sig.	偏 η2
对信息的辨析和批判	小学	1355	3.59	0.641	39.307	0.000	0.029
	初中	2187	3.68	0.616			
	高中 / 中专 / 技校	1842	3.78	0.644			
	大专	1000	3.87	0.638			
	本科	1249	3.91	0.664			
	硕士及以上	214	3.84	0.824			
对网络的主动认知和行动	小学	1355	3.36	0.592	20.055	0.000	0.015
	初中	2187	3.40	0.601			
	高中 / 中专 / 技校	1842	3.47	0.630			
	大专	1000	3.56	0.656			
	本科	1249	3.57	0.693			
	硕士及以上	214	3.43	0.789			

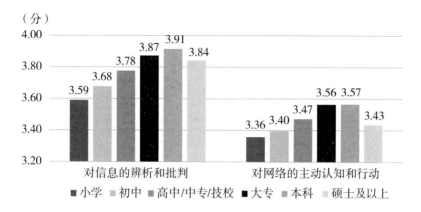

图 5-57　母亲学历—网络信息分析与评价维度（5 分制）

网络印象管理维度：母亲学历不同的大学生在迎合他人、社交互动、自我宣传、形象期望四个方面均具有显著的差异（Sig.<0.001）。在迎合他人、社交互动、形象期望三个指标下，随着母亲学历的上升，大学生表现更好，其中母亲学历为硕士生及以上的表现最好；在自我宣传指标下，母亲学历为大专的大学生表现最好，其次是本科、硕士及以上。

表 5-64　母亲学历—网络印象管理维度差异检验

指标	母亲学历	N	Mean	SD	F	Sig.	偏 η2
迎合他人	小学	1355	3.12	0.691	15.083	0.000	0.011
	初中	2187	3.17	0.708			
	高中 / 中专 / 技校	1842	3.26	0.704			
	大专	1000	3.32	0.757			
	本科	1249	3.31	0.754			
	硕士及以上	214	3.35	0.872			
社交互动	小学	1355	3.29	0.650	8.697	0.000	0.007
	初中	2187	3.34	0.650			
	高中 / 中专 / 技校	1842	3.39	0.666			
	大专	1000	3.44	0.723			
	本科	1249	3.42	0.730			
	硕士及以上	214	3.45	0.856			

续表

指标	母亲学历	N	Mean	SD	F	Sig.	偏 η2
自我宣传	小学	1355	3.29	0.732	27.685	0.000	0.021
	初中	2187	3.41	0.715			
	高中 / 中专 / 技校	1842	3.49	0.735			
	大专	1000	3.61	0.805			
	本科	1249	3.58	0.803			
	硕士及以上	214	3.57	0.882			
形象期望	小学	1355	3.28	0.676	9.181	0.000	0.007
	初中	2187	3.34	0.677			
	高中 / 中专 / 技校	1842	3.39	0.685			
	大专	1000	3.43	0.752			
	本科	1249	3.43	0.740			
	硕士及以上	214	3.43	0.847			

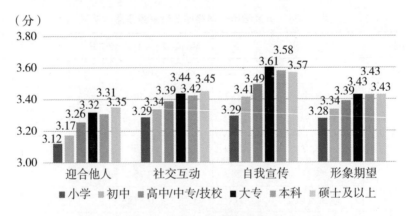

图 5-58　母亲学历—网络印象管理维度（5 分制）

　　网络安全与隐私保护维度：母亲学历不同的大学生在安全感知及隐私关注、安全行为及隐私保护两个方面均具有显著的差异（Sig.<0.001）。在两个指标下均呈现出随着母亲学历的上升，大学生表现更好的趋势，其中母亲学历为本科的大学生表现最好。

表 5-65　母亲学历—网络安全与隐私保护维度差异检验

指标	母亲学历	N	Mean	SD	F	Sig.	偏 η2
安全感知及隐私关注	小学	1355	3.81	0.716	20.778	0.000	0.016
	初中	2187	3.90	0.694			
	高中/中专/技校	1842	3.99	0.696			
	大专	1000	4.04	0.711			
	本科	1249	4.08	0.683			
	硕士及以上	214	3.97	0.841			
安全行为及隐私保护	小学	1355	3.80	0.721	11.663	0.000	0.009
	初中	2187	3.90	0.694			
	高中/中专/技校	1842	3.96	0.706			
	大专	1000	3.97	0.710			
	本科	1249	4.01	0.693			
	硕士及以上	214	3.90	0.896			

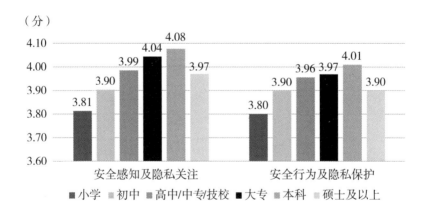

图 5-59　母亲学历—网络安全与隐私保护维度（5分制）

　　网络价值认知和行为维度：母亲学历不同的大学生在网络规范认知、网络暴力认知、网络行为规范三个方面均具有显著的差异（Sig.<0.01）。在网络规范认知和网络暴力认知两个指标下均呈现出随着母亲学历的上升，大学生表现更好的趋势，其中母亲学历为本科的大学生表现最好；在网络行为规范指标下，母亲学历为本科的大学生表现最好，其次是高中。

表 5-66　母亲学历—网络价值认知和行为维度差异检验

指标	母亲学历	N	Mean	SD	F	Sig.	偏 η2
网络规范认知	小学	1355	3.84	0.715	22.576	0.000	0.017
	初中	2187	3.93	0.679			
	高中/中专/技校	1842	4.01	0.690			
	大专	1000	4.08	0.682			
	本科	1249	4.11	0.683			
	硕士及以上	214	3.97	0.902			
网络暴力认知	小学	1355	3.84	0.999	3.987	0.001	0.003
	初中	2187	3.90	0.973			
	高中/中专/技校	1842	3.94	0.964			
	大专	1000	3.95	1.011			
	本科	1249	3.97	1.044			
	硕士及以上	214	3.72	1.132			
网络行为规范	小学	1355	3.52	0.899	3.911	0.001	0.003
	初中	2187	3.56	0.885			
	高中/中专/技校	1842	3.58	0.905			
	大专	1000	3.56	0.941			
	本科	1249	3.63	0.969			
	硕士及以上	214	3.35	1.008			

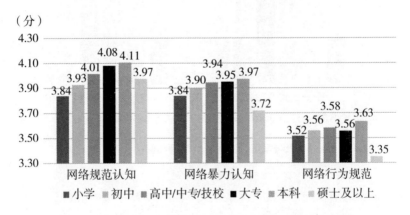

图 5-60　母亲学历—网络价值认知和行为维度（5分制）

（三）家庭收入

上网注意力管理维度：家庭收入水平不同的大学生在网络使用认知、网络情感控制、网络行为控制三个方面均具有显著的差异（Sig.<0.001）。在网络使用认知和网络行为控制两个指标下，呈现出随着家庭收入水平的上升，大学生的表现更好的趋势；在网络情感控制指标下，家庭收入水平为中等收入的大学生表现最好。

表 5-67　家庭收入—上网注意力管理维度差异检验

指标	家庭收入	N	Mean	SD	F	Sig.	偏 η2
网络使用认知	低等水平	828	3.44	0.734	44.364	0.000	0.022
	中等偏下	2011	3.53	0.616			
	中等水平	4129	3.64	0.608			
	中等偏上	859	3.78	0.655			
	高收入水平	77	3.81	0.974			
网络情感控制	低等水平	828	3.35	0.770	11.597	0.000	0.006
	中等偏下	2011	3.29	0.740			
	中等水平	4129	3.38	0.746			
	中等偏上	859	3.35	0.871			
	高收入水平	77	2.88	1.121			
网络行为控制	低等水平	828	3.19	0.715	11.864	0.000	0.006
	中等偏下	2011	3.27	0.625			
	中等水平	4129	3.32	0.624			
	中等偏上	859	3.39	0.682			
	高收入水平	77	3.43	1.062			

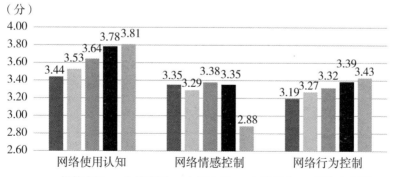

图 5-61　家庭收入—上网注意力管理维度（5分制）

网络信息搜索与利用维度：家庭收入水平不同的大学生在信息搜索与分辨、信息保存与利用两个方面均具有显著的差异（Sig.<0.001）。在两个指标下均呈现出随着家庭收入水平的上升，大学生表现更好的趋势，家庭收入为高等水平的大学生表现最佳。

表 5-68　家庭收入—网络信息搜索与利用维度差异检验

指标	家庭收入	N	Mean	SD	F	Sig.	偏 η2
信息搜索与分辨	低等水平	828	3.47	0.726	51.180	0.000	0.025
	中等偏下	2011	3.57	0.601			
	中等水平	4129	3.71	0.610			
	中等偏上	859	3.83	0.645			
	高收入水平	77	3.84	0.957			
信息保存与利用	低等水平	828	3.44	0.713	56.734	0.000	0.028
	中等偏下	2011	3.57	0.605			
	中等水平	4129	3.70	0.615			
	中等偏上	859	3.83	0.667			
	高收入水平	77	3.84	0.977			

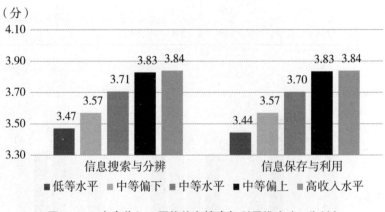

图 5-62　家庭收入—网络信息搜索与利用维度（5 分制）

网络信息分析与评价维度：家庭收入水平不同的大学生在对信息的辨析和批判、对网络的主动认知和行动两个方面均具有显著的差异（Sig.<0.001）。在两个指

标下均呈现出随着家庭收入水平的上升，大学生表现更好的趋势，但高等收入水平的大学生的表现略逊家庭收入水平为中等偏上的大学生。

表 5-69　家庭收入—网络信息分析与评价维度差异检验

指标	家庭收入	N	Mean	SD	F	Sig.	偏 η^2
对信息的辨析和批判	低等水平	828	3.57	0.729	41.576	0.000	0.021
	中等偏下	2011	3.67	0.640			
	中等水平	4129	3.80	0.622			
	中等偏上	859	3.91	0.653			
	高收入水平	77	3.76	1.046			
对网络的主动认知和行动	低等水平	828	3.35	0.612	17.348	0.000	0.009
	中等偏下	2011	3.40	0.615			
	中等水平	4129	3.50	0.635			
	中等偏上	859	3.50	0.697			
	高收入水平	77	3.24	0.797			

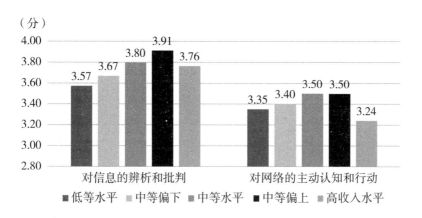

图 5-63　家庭收入—网络信息分析与评价维度（5 分制）

网络印象管理维度：家庭收入水平不同的大学生在迎合他人、社交互动、自我宣传、形象期望四个方面均具有显著的差异（Sig.<0.001）。在四个指标下，都呈现出随着家庭收入水平的上升，大学生表现更好的趋势。在迎合他人、形象期望两方面，高等收入水平的大学生表现最好；在社交互动、自我宣传两方面，中等偏上收入水平的大学生表现最好。

表 5-70　家庭收入—网络印象管理维度差异检验

指标	家庭收入	N	Mean	SD	F	Sig.	偏 η²
迎合他人	低等水平	828	3.05	0.760	21.789	0.000	0.011
	中等偏下	2011	3.20	0.712			
	中等水平	4129	3.24	0.707			
	中等偏上	859	3.36	0.756			
	高收入水平	77	3.40	0.995			
社交互动	低等水平	828	3.23	0.735	18.491	0.000	0.009
	中等偏下	2011	3.33	0.669			
	中等水平	4129	3.39	0.658			
	中等偏上	859	3.49	0.745			
	高收入水平	77	3.43	0.931			
自我宣传	低等水平	828	3.21	0.781	44.619	0.000	0.022
	中等偏下	2011	3.39	0.744			
	中等水平	4129	3.52	0.740			
	中等偏上	859	3.62	0.781			
	高收入水平	77	3.51	1.049			
形象期望	低等水平	828	3.18	0.755	25.567	0.000	0.013
	中等偏下	2011	3.34	0.696			
	中等水平	4129	3.38	0.679			
	中等偏上	859	3.50	0.742			
	高收入水平	77	3.56	0.960			

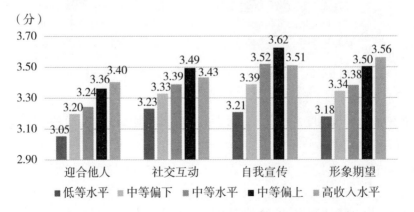

图 5-64　家庭收入—网络印象管理维度（5分制）

网络安全与隐私保护维度：家庭收入水平不同的大学生在安全感知及隐私关注、安全行为及隐私保护两方面均呈现出显著的差异性（Sig.<0.001）。在两个指标下均呈现随着家庭收入水平的上升，大学生表现更好的趋势，其中家庭收入水平在中等偏上的大学生表现最好。

表 5-71 家庭收入—网络安全与隐私保护维度差异检验

指标	家庭收入	N	Mean	SD	F	Sig.	偏 η2
安全感知及隐私关注	低等水平	828	3.76	0.786	25.377	0.000	0.013
	中等偏下	2011	3.91	0.708			
	中等水平	4129	4.00	0.681			
	中等偏上	859	4.04	0.703			
	高收入水平	77	3.81	0.949			
安全行为及隐私保护	低等水平	828	3.78	0.795	15.062	0.000	0.008
	中等偏下	2011	3.88	0.714			
	中等水平	4129	3.96	0.687			
	中等偏上	859	3.99	0.702			
	高收入水平	77	3.78	0.998			

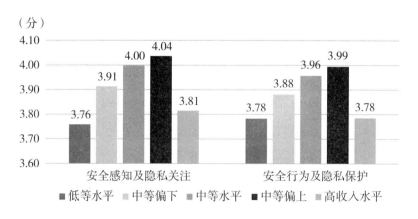

图 5-65 家庭收入—网络安全与隐私保护维度（5分制）

网络价值认知和行为维度：家庭收入水平不同的大学生在网络规范认知、网络暴力认知、网络行为规范三方面均呈现出显著的差异性（Sig.<0.001）。在网络规范认知指标下呈现出随着家庭收入水平上升，大学生表现更好的趋势；在网络

暴力认知和网络行为规范指标下，家庭收入在中等水平的大学生表现更好。

表 5-72　家庭收入—网络价值认知和行为维度差异检验

指标	家庭收入	N	Mean	SD	F	Sig.	偏 η2
网络规范认知	低等水平	828	3.78	0.793	32.536	0.000	0.016
	中等偏下	2011	3.92	0.707			
	中等水平	4129	4.03	0.664			
	中等偏上	859	4.09	0.691			
	高收入水平	77	3.89	1.006			
网络暴力认知	低等水平	828	3.77	1.029	16.375	0.000	0.008
	中等偏下	2011	3.88	0.987			
	中等水平	4129	3.98	0.968			
	中等偏上	859	3.86	1.063			
	高收入水平	77	3.35	1.336			
网络行为规范	低等水平	828	3.51	0.939	8.670	0.000	0.004
	中等偏下	2011	3.54	0.900			
	中等水平	4129	3.60	0.901			
	中等偏上	859	3.53	0.974			
	高收入水平	77	3.07	1.237			

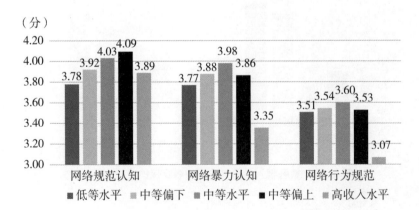

图 5-66　家庭收入—网络价值认知和行为维度（5 分制）

（四）与父母相处融洽度

上网注意力管理维度：与父母相处融洽度不同的大学生在网络使用认知、网络情感控制、网络行为控制三个方面均表现出显著的差异性（Sig.<0.001），在三个指标中均呈现出与父母相处越融洽的大学生表现越好的特征。

表5-73　与父母相处融洽度—上网注意力管理维度差异检验

指标	与父母相处融洽度	N	Mean	SD	F	Sig.	偏 $\eta 2$
网络使用认知	不融洽	692	3.39	0.720	230.918	0.000	0.055
	一般	1144	3.31	0.532			
	融洽	6068	3.69	0.627			
网络情感控制	不融洽	692	3.25	0.796	46.257	0.000	0.012
	一般	1144	3.17	0.593			
	融洽	6068	3.39	0.788			
网络行为控制	不融洽	692	3.17	0.741	49.556	0.000	0.012
	一般	1144	3.17	0.526			
	融洽	6068	3.34	0.652			

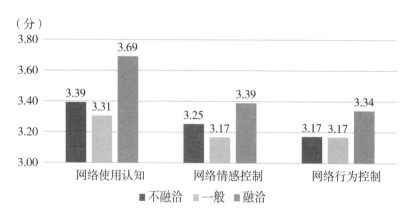

图5-67　与父母相处融洽度—上网注意力管理维度（5分制）

网络信息搜索与利用维度：与父母相处融洽度不同的大学生在信息搜索与分辨、信息保存与利用两个方面均具有显著的差异（Sig.<0.001）。具体表现为与父母相处融洽的大学生，信息搜索与分辨能力、信息保存与利用能力均更强；与父母相处融洽度一般的大学生在两个指标下表现最差。

表 5-74　与父母相处融洽度—网络信息搜索与利用维度差异检验

指标	与父母相处融洽度	N	Mean	SD	F	Sig.	偏 η2
信息搜索与分辨	不融洽	692	3.50	0.721	226.862	0.000	0.054
	一般	1144	3.34	0.548			
	融洽	6068	3.74	0.620			
信息保存与利用	不融洽	692	3.51	0.735	212.047	0.000	0.051
	一般	1144	3.34	0.561			
	融洽	6068	3.73	0.625			

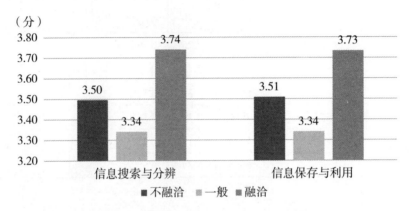

图 5-68　与父母相处融洽度—网络信息搜索与利用维度（5 分制）

网络信息分析与评价维度：与父母相处融洽度不同的大学生在对信息的辨析和批判、对网络的主动认知和行动两个方面均具有显著的差异（Sig.<0.001）。具体表现为与父母相处融洽的大学生，对信息的辨析和批判能力、对网络的主动认知和行动能力更强；与父母相处融洽度一般的大学生在两个指标下表现最差。

表 5-75　与父母相处融洽度—网络信息分析与评价维度差异检验

指标	与父母相处融洽度	N	Mean	SD	F	Sig.	偏 η2
对信息的辨析和批判	不融洽	692	3.60	0.757	236.016	0.000	0.056
	一般	1144	3.41	0.571			
	融洽	6068	3.83	0.632			
对网络的主动认知和行动	不融洽	692	3.47	0.675	64.839	0.000	0.016
	一般	1144	3.26	0.519			
	融洽	6068	3.49	0.649			

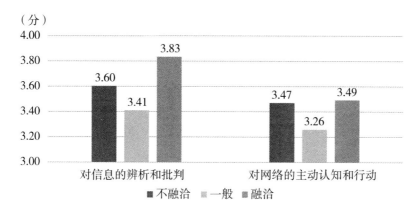

图 5-69 与父母相处融洽度—网络信息分析与评价维度（5 分制）

网络印象管理维度：与父母相处融洽度不同的大学生在迎合他人、社交互动、自我宣传、形象期望四个方面均具有显著的差异（Sig.<0.001）。在四个指标中均表现为与父母相处融洽的大学生表现更好，与父母相处融洽度一般的学生表现最差。

表 5-76 与父母相处融洽度—网络印象管理维度差异检验

指标	与父母相处融洽度	N	Mean	SD	F	Sig.	偏 η2
迎合他人	不融洽	692	3.16	0.802	22.632	0.000	0.006
	一般	1144	3.11	0.577			
	融洽	6068	3.26	0.740			
社交互动	不融洽	692	3.29	0.753	49.927	0.000	0.012
	一般	1144	3.20	0.555			
	融洽	6068	3.41	0.694			
自我宣传	不融洽	692	3.36	0.822	55.236	0.000	0.014
	一般	1144	3.27	0.637			
	融洽	6068	3.51	0.770			
形象期望	不融洽	692	3.33	0.754	29.997	0.000	0.008
	一般	1144	3.22	0.573			
	融洽	6068	3.40	0.720			

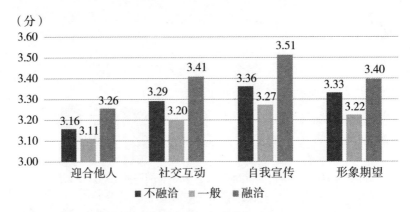

图 5-70　与父母相处融洽度—网络印象管理维度（5 分制）

网络安全与隐私保护维度：与父母相处融洽度不同的大学生在安全感知及隐私关注、安全行为及隐私保护两方面均呈现出显著的差异性（Sig.<0.001）。在两个指标中均表现为与父母相处融洽的大学生表现更好，与父母相处融洽度一般的大学生表现最差。

表 5-77　与父母相处融洽度—网络安全与隐私保护维度差异检验

指标	与父母相处融洽度	N	Mean	SD	F	Sig.	偏 η2
安全感知及隐私关注	不融洽	692	3.82	0.851	133.643	0.000	0.033
	一般	1144	3.67	0.720			
	融洽	6068	4.02	0.673			
安全行为及隐私保护	不融洽	692	3.79	0.821	126.378	0.000	0.031
	一般	1144	3.65	0.717			
	融洽	6068	3.99	0.685			

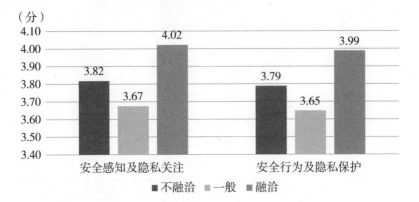

图 5-71　与父母相处融洽度—网络安全与隐私保护维度（5 分制）

网络价值认知和行为维度：与父母相处融洽度不同的大学生在网络规范认知、网络暴力认知、网络行为规范三方面均呈现出显著的差异性（Sig.<0.001）。在三个指标下，均呈现出与父母相处融洽的大学生得分更高，与父母相处融洽度一般的大学生得分最低的特征。

表 5-78　与父母相处融洽度—网络价值认知和行为维度差异检验

指标	与父母相处融洽度	N	Mean	SD	F	Sig.	偏 η2
网络规范认知	不融洽	692	3.83	0.804	184.490	0.000	0.045
	一般	1144	3.66	0.708			
	融洽	6068	4.06	0.667			
网络暴力认知	不融洽	692	3.84	0.982	73.989	0.000	0.018
	一般	1144	3.60	0.936			
	融洽	6068	3.98	1.000			
网络行为规范	不融洽	692	3.48	0.934	43.182	0.000	0.011
	一般	1144	3.35	0.801			
	融洽	6068	3.61	0.931			

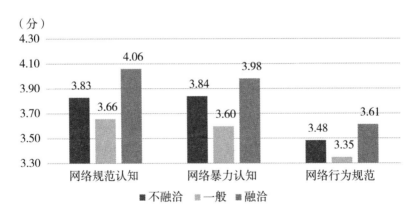

图 5-72　与父母相处融洽度—网络价值认知和行为维度（5 分制）

（五）父母的上网习惯

上网注意力管理维度：父母上网习惯不同的大学生在网络使用认知、网络情感控制、网络行为控制三个方面均表现出显著的差异性（Sig.<0.001）。在网络使用认知和网络行为控制两个指标下，父母上网习惯不好的大学生表现更好；在网

络情感控制指标下，父母上网习惯越好的大学生表现越好。

表 5–79　父母的上网习惯—上网注意力管理维度差异检验

指标	父母的上网习惯	N	Mean	SD	F	Sig.	偏 η2
网络使用认知	习惯不好	2565	3.70	0.644	70.482	0.000	0.018
	一般	1946	3.47	0.584			
	习惯好	3393	3.62	0.657			
网络情感控制	习惯不好	2565	3.20	0.828	137.243	0.000	0.034
	一般	1946	3.26	0.661			
	习惯好	3393	3.51	0.748			
网络行为控制	习惯不好	2565	3.37	0.684	26.281	0.000	0.007
	一般	1946	3.25	0.561			
	习惯好	3393	3.28	0.662			

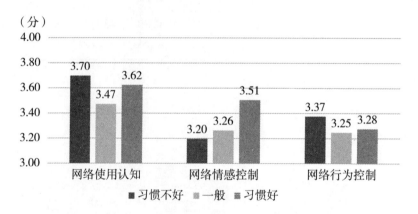

图 5–73　父母的上网习惯—上网注意力管理维度（5 分制）

网络信息搜索与利用维度：父母上网习惯不同的大学生在信息搜索与分辨、信息保存与利用两个方面均具有显著的差异（Sig.<0.001）。具体表现为父母上网习惯不好的大学生在信息搜索与分辨能力、信息保存与利用能力方面强于父母上网习惯好的大学生。

表 5-80 父母的上网习惯—网络信息搜索与利用维度差异检验

指标	父母的上网习惯	N	Mean	SD	F	Sig.	偏 η2
信息搜索与分辨	习惯不好	2565	3.78	0.630	91.734	0.000	0.023
	一般	1946	3.53	0.603			
	习惯好	3393	3.64	0.645			
信息保存与利用	习惯不好	2565	3.80	0.645	112.530	0.000	0.028
	一般	1946	3.52	0.601			
	习惯好	3393	3.63	0.644			

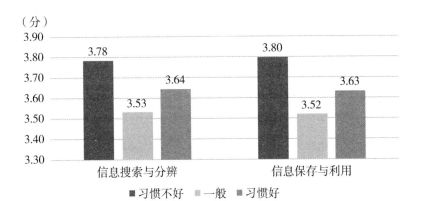

图 5-74 父母的上网习惯—网络信息搜索与利用维度（5 分制）

网络信息分析与评价维度：父母上网习惯不同的大学生在对信息的辨析和批判、对网络的主动认知和行动两个方面均具有显著的差异（Sig.<0.001）。具体表现为父母上网习惯好的大学生对网络的主动认知和行动能力更强，而在对信息的辨析和批判指标下，父母上网习惯不好的大学生反而能力更强。

表 5-81 父母的上网习惯—网络信息分析与评价维度差异检验

指标	父母的上网习惯	N	Mean	SD	F	Sig.	偏 η2
对信息的辨析和批判	习惯不好	2565	3.89	0.637	117.768	0.000	0.029
	一般	1946	3.59	0.631			
	习惯好	3393	3.74	0.657			
对网络的主动认知和行动	习惯不好	2565	3.47	0.694	50.817	0.000	0.013
	一般	1946	3.33	0.588			
	习惯好	3393	3.51	0.615			

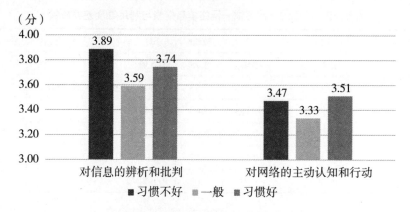

图 5-75　父母的上网习惯—网络信息分析与评价维度（5 分制）

网络印象管理维度：父母上网习惯不同的大学生在迎合他人、社交互动、自我宣传、形象期望四个方面均具有显著的差异（Sig.<0.001）。在四个指标中均表现为父母上网习惯差的大学生表现更好。

表 5-82　父母的上网习惯—网络印象管理维度差异检验

指标	父母的上网习惯	N	Mean	SD	F	Sig.	偏 η2
迎合他人	习惯不好	2565	3.42	0.747	153.027	0.000	0.037
	一般	1946	3.18	0.609			
	习惯好	3393	3.10	0.741			
社交互动	习惯不好	2565	3.52	0.710	96.131	0.000	0.024
	一般	1946	3.31	0.590			
	习惯好	3393	3.29	0.697			
自我宣传	习惯不好	2565	3.66	0.772	128.244	0.000	0.031
	一般	1946	3.37	0.682			
	习惯好	3393	3.37	0.770			
形象期望	习惯不好	2565	3.56	0.723	149.388	0.000	0.036
	一般	1946	3.31	0.607			
	习惯好	3393	3.25	0.716			

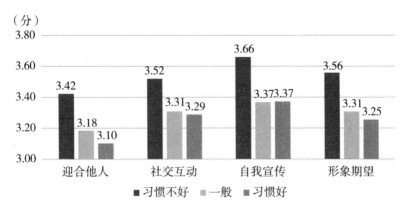

图 5-76 父母的上网习惯—网络印象管理维度（5分制）

网络安全与隐私保护维度：父母上网习惯不同的大学生在安全感知及隐私关注、安全行为及隐私保护两方面均呈现出显著的差异性（Sig.<0.001）。在两个指标中均表现为父母上网习惯差的大学生反而表现更好，父母上网习惯一般的学生表现最差。

表 5-83 父母的上网习惯—网络安全与隐私保护维度差异检验

指标	父母的上网习惯	N	Mean	SD	F	Sig.	偏 $\eta 2$
安全感知及隐私关注	习惯不好	2565	4.09	0.672	103.012	0.000	0.025
	一般	1946	3.78	0.718			
	习惯好	3393	3.95	0.710			
安全行为及隐私保护	习惯不好	2565	4.00	0.685	68.070	0.000	0.017
	一般	1946	3.76	0.723			
	习惯好	3393	3.96	0.715			

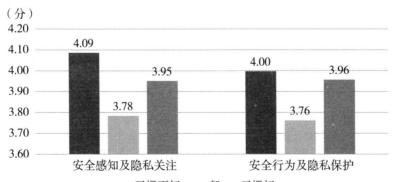

图 5-77 父母的上网习惯—网络安全与隐私保护维度（5分制）

网络价值认知和行为维度：父母上网习惯不同的大学生在网络规范认知、网络暴力认知、网络行为规范三方面均呈现出显著的差异性（Sig.<0.001）.在网络规范认知指标下，父母上网习惯不好的大学生表现更好；在网络行为规范指标下，呈现出父母上网习惯越好的大学生表现越好的特征。

表 5-84　父母的上网习惯—网络价值认知和行为维度差异检验

指标	父母的上网习惯	N	Mean	SD	F	Sig.	偏 η2
网络规范认知	习惯不好	2565	4.10	0.669	117.098	0.000	0.029
	一般	1946	3.79	0.718			
	习惯好	3393	4.00	0.693			
网络暴力认知	习惯不好	2565	3.86	1.075	62.280	0.000	0.016
	一般	1946	3.75	0.945			
	习惯好	3393	4.05	0.949			
网络行为规范	习惯不好	2565	3.45	0.978	68.971	0.000	0.017
	一般	1946	3.47	0.841			
	习惯好	3393	3.70	0.897			

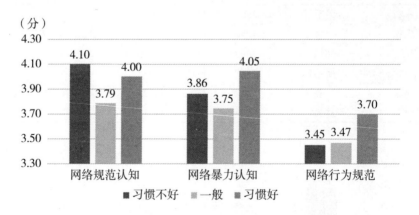

图 5-78　父母的上网习惯—网络价值认知和行为维度（5分制）

（六）与父母讨论网络内容的频率

上网注意力管理维度：与父母讨论网络内容频率不同的大学生在网络使用认知、网络情感控制、网络行为控制三个方面均呈现出显著的差异性（Sig.<0.001）。在网络使用认知和网络行为规范两个指标下，越经常与父母讨论网络内容的大学

生得分越高；在网络情感控制指标下，越经常与父母讨论网络内容的大学生得分
越低。

表 5–85 与父母讨论网络内容的频率—上网注意力管理维度差异检验

指标	与父母讨论网络内容的频率	N	Mean	SD	F	Sig.	偏 η2
网络使用认知	几乎不	1251	3.50	0.653	39.848	0.000	0.010
	有时	4775	3.60	0.593			
	经常	1878	3.71	0.730			
网络情感控制	几乎不	1251	3.38	0.736	16.127	0.000	0.004
	有时	4775	3.37	0.721			
	经常	1878	3.26	0.888			
网络行为控制	几乎不	1251	3.20	0.666	34.625	0.000	0.009
	有时	4775	3.29	0.602			
	经常	1878	3.39	0.732			

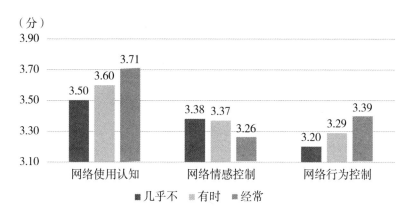

图 5–79 与父母讨论网络内容的频率—上网注意力管理维度（5 分制）

网络信息搜索与利用维度：与父母讨论网络内容频率不同的大学生在信息搜
索与分辨、信息保存与利用两个方面均具有显著的差异（Sig.<0.001）。具体表现
为越经常与父母讨论网络内容的大学生，其信息搜索与分辨能力、信息保存与利
用能力越强。

表5–86　与父母讨论网络内容的频率—网络信息搜索与利用维度差异检验

指标	与父母讨论网络内容的频率	N	Mean	SD	F	Sig.	偏 η2
信息搜索与分辨	几乎不	1251	3.55	0.656	41.585	0.000	0.010
	有时	4775	3.65	0.584			
	经常	1878	3.76	0.732			
信息保存与利用	几乎不	1251	3.54	0.665	44.315	0.000	0.011
	有时	4775	3.65	0.588			
	经常	1878	3.76	0.740			

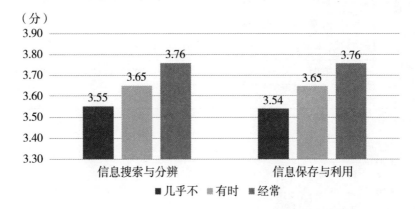

图5–80　与父母讨论网络内容的频率—网络信息搜索与利用维度（5分制）

　　网络信息分析与评价维度：与父母讨论网络内容频率不同的大学生在对信息的辨析和批判、对网络的主动认知和行动两个方面均具有显著的差异（Sig.<0.001）。具体表现为大学生越经常与父母讨论网络内容，对信息的辨析和批判能力越强，而对网络的主动认知和行动能力则越差。

表5–87　与父母讨论网络内容的频率—网络信息分析与评价维度差异检验

指标	与父母讨论网络内容的频率	N	Mean	SD	F	Sig.	偏 η2
对信息的辨析和批判	几乎不	1251	3.66	0.683	31.912	0.000	0.008
	有时	4775	3.74	0.603			
	经常	1878	3.84	0.741			

续表

指标	与父母讨论网络内容的频率	N	Mean	SD	F	Sig.	偏 η2
对网络的 主动认知 和行动	几乎不	1251	3.57	0.653	36.244	0.000	0.009
	有时	4775	3.46	0.596			
	经常	1878	3.37	0.720			

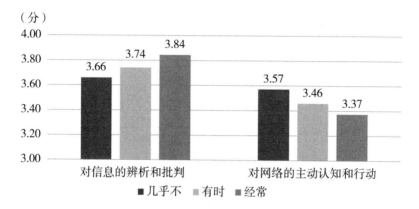

图 5-81　与父母讨论网络内容的频率—网络信息分析与评价维度（5 分制）

　　网络印象管理维度：与父母讨论网络内容频率不同的大学生在迎合他人、社交互动、自我宣传、形象期望四个方面均具有显著的差异（Sig.<0.001）。在四个指标中均表现为越经常与父母讨论网络内容，大学生的表现越好。

表 5-88　与父母讨论网络内容的频率—网络印象管理维度差异检验

指标	与父母讨论网络内容的频率	N	Mean	SD	F	Sig.	偏 η2
迎合他人	几乎不	1251	3.10	0.777	54.256	0.000	0.014
	有时	4775	3.21	0.680			
	经常	1878	3.36	0.784			
社交互动	几乎不	1251	3.26	0.733	44.796	0.000	0.011
	有时	4775	3.35	0.644			
	经常	1878	3.49	0.736			

续表

指标	与父母讨论网络内容的频率	N	Mean	SD	F	Sig.	偏 η2
自我宣传	几乎不	1251	3.31	0.835	48.889	0.000	0.012
	有时	4775	3.46	0.715			
	经常	1878	3.58	0.805			
形象期望	几乎不	1251	3.27	0.752	30.537	0.000	0.008
	有时	4775	3.35	0.660			
	经常	1878	3.46	0.775			

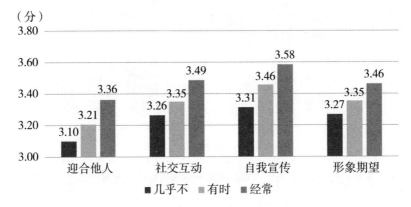

图 5-82　与父母讨论网络内容的频率—网络印象管理维度（5 分制）

网络安全与隐私保护维度：与父母讨论网络内容频率不同的大学生安全行为及隐私保护方面均呈现出显著的差异性（Sig.<0.001）。而在安全感知及隐私关注方面则差异不显著，在安全行为及隐私保护指标中表现为越经常与父母讨论网络内容，大学生表现越好。

表 5-89　与父母讨论网络内容的频率—网络安全与隐私保护维度差异检验

指标	与父母讨论网络内容的频率	N	Mean	SD	F	Sig.	偏 η2
安全感知及隐私关注	几乎不	1251	3.93	0.744	1.099	0.333	0.000
	有时	4775	3.96	0.666			
	经常	1878	3.96	0.788			
安全行为及隐私保护	几乎不	1251	3.85	0.736	11.027	0.000	0.003
	有时	4775	3.92	0.677			
	经常	1878	3.97	0.783			

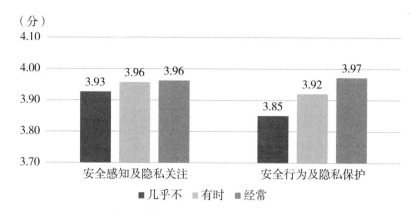

图 5-83 与父母讨论网络内容的频率—网络安全与隐私保护维度（5分制）

网络价值认知和行为维度：与父母讨论网络内容频率不同的大学生在网络规范认知、网络暴力认知、网络行为规范三方面均呈现出显著的差异性（Sig.<0.05）。在网络规范认知指标中，越经常与父母讨论网络内容的大学生，得分越高；在网络暴力认知和网络行为规范两个指标下，与父母讨论网络内容频率较低的大学生得分更高，经常与父母讨论网络内容的大学生得分最低。

表 5-90 与父母讨论网络内容的频率—网络价值认知和行为维度差异检验

指标	与父母讨论网络内容的频率	N	Mean	SD	F	Sig.	偏 η2
网络规范认知	几乎不	1251	3.94	0.736	3.897	0.020	0.001
	有时	4775	3.98	0.660			
	经常	1878	4.01	0.776			
网络暴力认知	几乎不	1251	3.95	1.000	38.062	0.000	0.010
	有时	4775	3.97	0.950			
	经常	1878	3.74	1.093			
网络行为规范	几乎不	1251	3.58	0.923	24.985	0.000	0.006
	有时	4775	3.61	0.877			
	经常	1878	3.43	1.003			

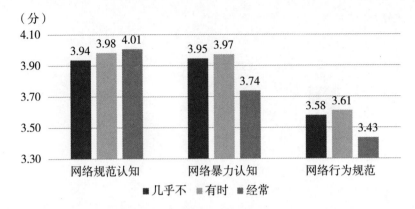

图5-84　与父母讨论网络内容的频率—网络价值认知和行为维度（5分制）

（七）与父母的亲密程度

上网注意力管理维度：与父母亲密程度不同的大学生在网络使用认知、网络情感控制、网络行为控制三个方面均呈现出显著的差异性（Sig.<0.001）。具体表现为与父母关系越亲密，大学生在网络使用认知、网络情感控制、网络行为控制三个方面表现越好。

表5-91　与父母的亲密程度—上网注意力管理维度差异检验

指标	与父母的亲密程度	N	Mean	SD	F	Sig.	偏 η2
网络使用认知	不亲密	238	3.38	0.801	121.415	0.000	0.030
	一般	3473	3.50	0.577			
	非常亲密	4193	3.71	0.663			
网络情感控制	不亲密	238	3.18	0.844	24.440	0.000	0.006
	一般	3473	3.29	0.687			
	非常亲密	4193	3.40	0.821			
网络行为控制	不亲密	238	3.16	0.798	40.117	0.000	0.010
	一般	3473	3.24	0.600			
	非常亲密	4193	3.36	0.671			

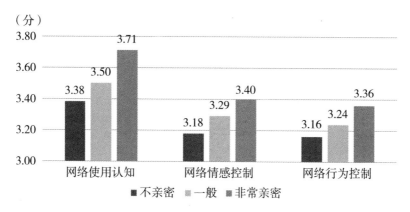

图 5-85　与父母的亲密程度—上网注意力管理维度（5 分制）

网络信息搜索与利用维度：与父母关系亲密程度不同的大学生在信息搜索与分辨、信息保存与利用两个方面均具有显著的差异（Sig.<0.001）。具体表现为与父母关系越亲密，大学生的信息搜索与分辨能力、信息保存与利用能力越强。

表 5-92　与父母的亲密程度—网络信息搜索与利用维度差异检验

指标	与父母的亲密程度	N	Mean	SD	F	Sig.	偏 η2
信息搜索 与分辨	不亲密	238	3.48	0.731	74.259	0.000	0.018
	一般	3473	3.58	0.584			
	非常亲密	4193	3.74	0.663			
信息保存 与利用	不亲密	238	3.50	0.780	65.874	0.000	0.016
	一般	3473	3.58	0.590			
	非常亲密	4193	3.73	0.666			

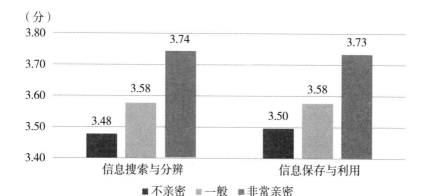

图 5-86　与父母的亲密程度—网络信息搜索与利用维度（5 分制）

网络信息分析与评价维度：与父母亲密程度不同的大学生在对信息的辨析和批判方面表现出显著的差异（Sig.<0.001），而在对网络的主动认知和行动方面则差异不显著。在信息的辨析和批判能力上，与父母的关系越亲密，大学生的表现越好。

表 5-93　与父母的亲密程度—网络信息分析与评价维度差异检验

指标	与父母的亲密程度	N	Mean	SD	F	Sig.	偏 η2
对信息的辨析和批判	不亲密	238	3.61	0.791	54.087	0.000	0.014
	一般	3473	3.68	0.606			
	非常亲密	4193	3.82	0.675			
对网络的主动认知和行动	不亲密	238	3.47	0.697	0.745	0.475	0.000
	一般	3473	3.45	0.608			
	非常亲密	4193	3.46	0.661			

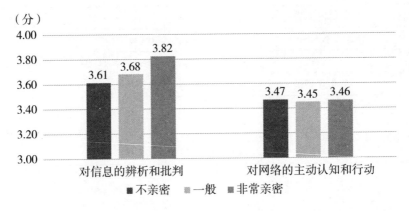

图 5-87　与父母的亲密程度—网络信息分析与评价维度（5分制）

网络印象管理维度：与父母关系亲密程度不同的大学生在迎合他人、社交互动、自我宣传、形象期望四个方面均具有显著的差异（Sig.<0.05）。在四个指标中均表现为与父母关系越亲密，大学生的表现越好。

表 5-94 与父母的亲密程度—网络印象管理维度差异检验

指标	与父母的亲密程度	N	Mean	SD	F	Sig.	偏 η2
迎合他人	不亲密	238	3.16	0.902	5.248	0.005	0.001
	一般	3473	3.20	0.678			
	非常亲密	4193	3.25	0.753			
社交互动	不亲密	238	3.28	0.803	12.336	0.000	0.003
	一般	3473	3.33	0.644			
	非常亲密	4193	3.40	0.709			
自我宣传	不亲密	238	3.30	0.928	11.088	0.000	0.003
	一般	3473	3.44	0.718			
	非常亲密	4193	3.50	0.785			
形象期望	不亲密	238	3.26	0.848	3.239	0.039	0.001
	一般	3473	3.36	0.654			
	非常亲密	4193	3.38	0.738			

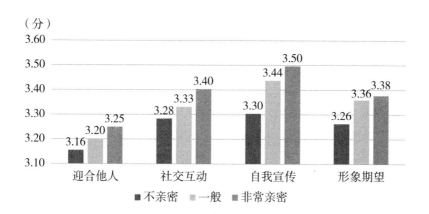

图 5-88 与父母的亲密程度—网络印象管理维度（5分制）

网络安全与隐私保护维度：与父母亲密程度不同的大学生在安全感知及隐私关注、安全行为及隐私保护两方面均呈现出显著的差异性（Sig.<0.001）。在两个指标中均表现为与父母关系越亲密，大学生的表现越好。

表 5-95　与父母的亲密程度—网络安全与隐私保护维度差异检验

指标	与父母的亲密程度	N	Mean	SD	F	Sig.	偏 η2
安全感知及隐私关注	不亲密	238	3.76	0.882	23.804	0.000	0.006
	一般	3473	3.91	0.685			
	非常亲密	4193	4.00	0.714			
安全行为及隐私保护	不亲密	238	3.68	0.831	49.345	0.000	0.012
	一般	3473	3.85	0.679			
	非常亲密	4193	3.99	0.726			

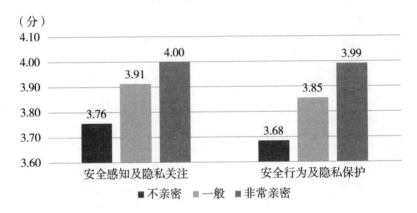

（分）

图 5-89　与父母的亲密程度—网络安全与隐私保护维度（5分制）

网络价值认知和行为维度：与父母关系亲密程度不同的大学生在网络规范认知、网络暴力认知、网络行为规范三方面均呈现出显著的差异性（Sig.<0.01）。在三个指标下均表现为与父母关系亲密的大学生表现更好，与父母关系不亲密的大学生表现相对较差。

表 5-96　与父母的亲密程度—网络价值认知和行为维度差异检验

指标	与父母的亲密程度	N	Mean	SD	F	Sig.	偏 η2
网络规范认知	不亲密	238	3.79	0.842	38.593	0.000	0.010
	一般	3473	3.92	0.667			
	非常亲密	4193	4.04	0.715			

续表

指标	与父母的亲密程度	N	Mean	SD	F	Sig.	偏 η2
网络暴力认知	不亲密	238	3.68	1.047			
	一般	3473	3.90	0.948	7.494	0.001	0.002
	非常亲密	4193	3.93	1.034			
网络行为规范	不亲密	238	3.33	0.908			
	一般	3473	3.53	0.860	14.049	0.000	0.004
	非常亲密	4193	3.60	0.962			

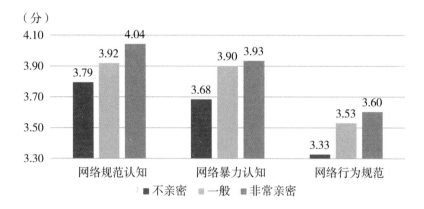

图 5-90 与父母的亲密程度—网络价值认知和行为维度（5分制）

四、学校影响因素的分析

（一）学校是否开设网络素养类课程

上网注意力管理维度：学校开设了网络素养类课程的大学生与学校未开设网络素养类课程的大学生在网络使用认知、网络情感控制、网络行为控制三个方面均具有显著的差异（Sig.<0.001）。具体表现为，所在学校开设了网络素养类课程的大学生表现显著优于所在学校未曾开设网络素养类课程的大学生。

表 5-97　学校是否开设网络素养类课程—上网注意力管理维度差异检验

指标	学校是否开设网络素养类课程	N	Mean	SD	F	Sig.	偏 η2
网络使用认知	是	5622	3.63	0.639	13.675	0.000	0.003
	否	562	3.50	0.635			
	不清楚	1720	3.58	0.646			
网络情感控制	是	5622	3.34	0.778	21.485	0.000	0.005
	否	562	3.17	0.770			
	不清楚	1720	3.41	0.724			
网络行为控制	是	5622	3.32	0.645	10.670	0.000	0.003
	否	562	3.26	0.670			
	不清楚	1720	3.25	0.646			

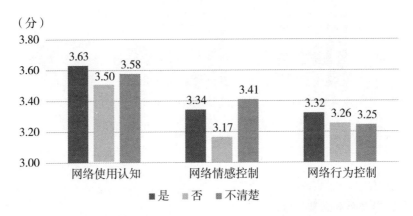

图 5-91　学校是否开设网络素养类课程—上网注意力管理维度（5分制）

网络信息搜索与利用维度：学校开设了网络素养类课程的大学生与学校未开设网络素养类课程的大学生在信息搜索与分辨、信息保存与利用两个方面均具有显著的差异（Sig.<0.001）。具体表现为在网络信息搜索与分辨、信息保存与利用两个指标下，所在学校开设了网络素养类课程的大学生的表现显著优于所在学校未曾开设网络素养类课程的大学生。

表 5-98 学校是否开设网络素养类课程—网络信息搜索与利用维度差异检验

指标	学校是否开设网络素养类课程	N	Mean	SD	F	Sig.	偏 η 2
信息搜索与分辨	是	5622	3.69	0.633	16.056	0.000	0.004
	否	562	3.56	0.644			
	不清楚	1720	3.61	0.642			
信息保存与利用	是	5622	3.69	0.640	21.308	0.000	0.005
	否	562	3.54	0.654			
	不清楚	1720	3.61	0.640			

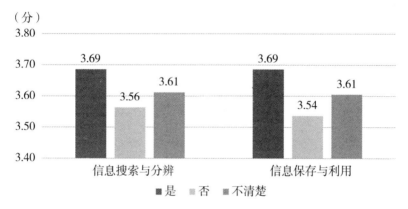

图 5-92 学校是否开设网络素养类课程—网络信息搜索与利用维度（5分制）

网络信息分析与评价维度：学校开设了网络素养类课程的大学生与学校未开设网络素养类课程的大学生在对信息的辨析和批判、对网络的主动认知和行动方面均表现出显著的差异（Sig.<0.001）。具体表现为在两个指标下，所在学校开设了网络素养类课程的大学生的表现显著优于所在学校未曾开设网络素养类课程的大学生。

表 5-99 学校是否开设网络素养类课程—网络信息分析与评价维度差异检验

指标	学校是否开设网络素养类课程	N	Mean	SD	F	Sig.	偏 η 2
对信息的辨析和批判	是	5622	3.78	0.647	16.751	0.000	0.004
	否	562	3.64	0.671			
	不清楚	1720	3.70	0.666			

续表

指标	学校是否开设 网络素养类课程	N	Mean	SD	F	Sig.	偏 η 2
对网络的 主动认知 和行动	是	5622	3.45	0.642	26.576	0.000	0.007
	否	562	3.32	0.651			
	不清楚	1720	3.53	0.617			

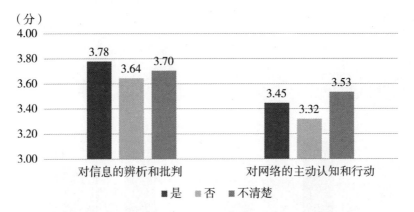

图 5-93　学校是否开设网络素养类课程—网络信息分析与评价维度（5 分制）

网络印象管理维度：学校开设了网络素养类课程的大学生与学校未开设网络素养类课程的大学生在迎合他人、社交互动、自我宣传、形象期望四个方面均具有显著的差异（Sig.<0.001）。在四个指标中均表现为所在学校开设了网络素养类课程的大学生表现更好。

表 5-100　学校是否开设网络素养类课程—网络印象管理维度差异检验

指标	学校是否开设网络 素养类课程	N	Mean	SD	F	Sig.	偏 η 2
迎合他人	是	5622	3.26	0.721	19.746	0.000	0.005
	否	562	3.21	0.724			
	不清楚	1720	3.13	0.736			
社交互动	是	5622	3.40	0.679	20.646	0.000	0.005
	否	562	3.34	0.670			
	不清楚	1720	3.28	0.702			
自我宣传	是	5622	3.49	0.758	11.768	0.000	0.003
	否	562	3.40	0.752			
	不清楚	1720	3.40	0.771			

指标	学校是否开设网络素养类课程	N	Mean	SD	F	Sig.	偏 η 2
形象期望	是	5622	3.39	0.701	10.937	0.000	0.003
	否	562	3.36	0.729			
	不清楚	1720	3.30	0.711			

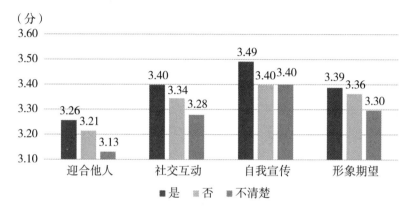

图 5-94 学校是否开设网络素养类课程—网络印象管理维度（5 分制）

网络安全与隐私保护维度：学校开设了网络素养类课程的大学生与学校未开设网络素养类课程的大学生在安全感知及隐私关注、安全行为及隐私保护两个方面均呈现出显著的差异性（Sig.<0.001）。在两个指标中均为所在学校开设了网络素养类课程的大学生表现更好。

表 5-101 学校是否开设网络素养类课程—网络安全与隐私保护维度差异检验

指标	学校是否开设网络素养类课程	N	Mean	SD	F	Sig.	偏 η 2
安全感知及隐私关注	是	5622	3.97	0.697	10.526	0.000	0.003
	否	562	3.82	0.795			
	不清楚	1720	3.95	0.716			
安全行为及隐私保护	是	5622	3.95	0.706	21.213	0.000	0.005
	否	562	3.76	0.756			
	不清楚	1720	3.89	0.717			

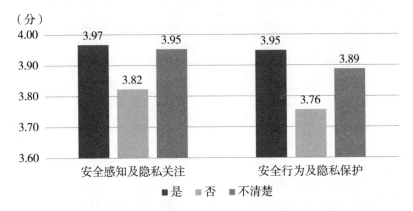

图 5-95　学校是否开设网络素养类课程—网络安全与隐私保护维度（5 分制）

　　网络价值认知和行为维度：学校开设了网络素养类课程的大学生与学校未开设网络素养类课程的大学生在网络规范认知、网络暴力认知、网络行为规范三个方面均呈现出显著的差异性（Sig.<0.001）。在三个指标下均为所在学校开设了网络素养类课程的大学生表现显著优于所在学校未开设网络素养类课程的大学生。

表 5-102　学校是否开设网络素养类课程—网络价值认知和行为维度差异检验

指标	学校是否开设网络素养类课程	N	Mean	SD	F	Sig.	偏 η2
网络规范认知	是	5622	4.01	0.689	26.215	0.000	0.007
	否	562	3.79	0.763			
	不清楚	1720	3.96	0.714			
网络暴力认知	是	5622	3.91	1.007	28.824	0.000	0.007
	否	562	3.64	1.015			
	不清楚	1720	4.00	0.948			
网络行为规范	是	5622	3.57	0.930	18.522	0.000	0.005
	否	562	3.35	0.923			
	不清楚	1720	3.62	0.867			

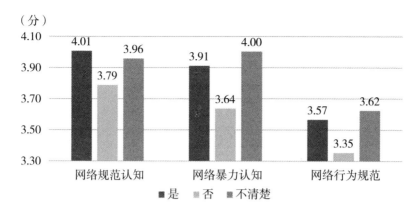

图5-96 学校是否开设网络素养类课程—网络价值认知和行为维度（5分制）

（二）课程收获程度

上网注意力管理维度：在网络素养类课程中收获度不同的大学生在网络使用认知、网络情感控制、网络行为控制三个方面均具有显著的差异（Sig.<0.001）。具体表现为在网络素养类课程中收获很大的学生在网络使用认知、网络行为控制两个指标下表现最好；表示在网络素养课程中有些收获的学生在网络情感控制指标下表现最好；在三个指标中，表示在网络素养类课程中几乎没有收获的大学生表现最差。

表5-103 课程收获程度—上网注意力管理维度差异检验

指标	课程收获程度	N	Mean	SD	F	Sig.	偏 η2
网络使用认知	几乎没有收获	265	3.57	0.696	13.769	0.000	0.005
	有些收获	3274	3.61	0.565			
	收获很大	2083	3.68	0.731			
网络情感控制	几乎没有收获	265	3.23	0.819	10.845	0.000	0.004
	有些收获	3274	3.39	0.693			
	收获很大	2083	3.28	0.886			
网络行为控制	几乎没有收获	265	3.20	0.737	24.046	0.000	0.009
	有些收获	3274	3.28	0.581			
	收获很大	2083	3.40	0.717			

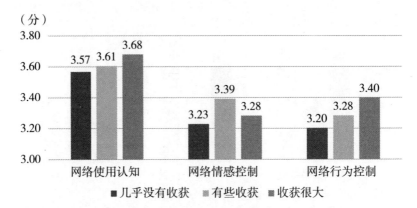

图 5-97　课程收获程度—上网注意力管理维度（5 分制）

网络信息搜索与利用维度：在网络素养类课程中收获度不同的大学生在信息搜索与分辨、信息保存与利用两个方面均具有显著的差异（Sig.<0.001）。具体表现为在网络信息搜索与分辨、信息保存与利用两个指标下，在网络素养类课程中收获很大的学生表现更好。

表 5-104　课程收获程度—网络信息搜索与利用维度差异检验

指标	课程收获程度	N	Mean	SD	F	Sig.	偏 η 2
信息搜索 与分辨	几乎没有收获	265	3.68	0.742	16.460	0.000	0.006
	有些收获	3274	3.66	0.569			
	收获很大	2083	3.73	0.707			
信息保存 与利用	几乎没有收获	265	3.73	0.739	20.008	0.000	0.008
	有些收获	3274	3.65	0.583			
	收获很大	2083	3.73	0.706			

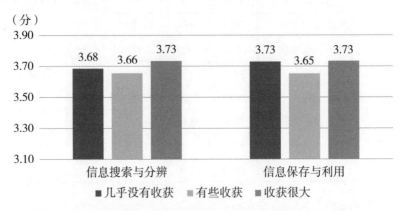

图 5-98　课程收获程度—网络信息搜索与利用维度（5 分制）

网络信息分析与评价维度：在网络素养类课程中收获度不同的大学生在对信息的辨析和批判、对网络的主动认知和行动方面均表现出显著的差异（Sig.<0.001）。具体表现为在对信息的辨析和批判指标下，表示收获很大、几乎没有收获的大学生表现更好；在对网络的主动认知和行动指标下，表示几乎没有收获、有些收获的大学生表现更好。

表 5-105　课程收获程度—网络信息分析与评价维度差异检验

指标	课程收获程度	N	Mean	SD	F	Sig.	偏 $\eta 2$
对信息的辨析和批判	几乎没有收获	265	3.80	0.685	12.439	0.000	0.005
	有些收获	3274	3.76	0.594			
	收获很大	2083	3.81	0.716			
对网络的主动认知和行动	几乎没有收获	265	3.61	0.774	53.967	0.000	0.020
	有些收获	3274	3.52	0.597			
	收获很大	2083	3.31	0.668			

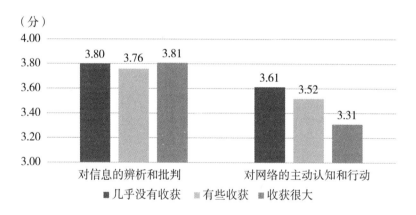

图 5-99　课程收获程度—网络信息分析与评价维度（5分制）

网络印象管理维度：在网络素养类课程中收获程度不同的大学生在迎合他人、社交互动、自我宣传、形象期望四个方面均具有显著的差异（Sig.<0.001）。具体表现为在迎合他人、自我宣传指标下，表示几乎没有收获、收获很大的学生表现更好；在社交互动指标下，在网络素养类课程中收获很大的学生表现更好；在形象期望指标下，表示几乎没有收获的大学生表现更好。

表 5-106　课程收获程度—网络印象管理维度差异检验

指标	课程收获程度	N	Mean	SD	F	Sig.	偏 η2
迎合他人	几乎没有收获	265	3.32	0.848	18.074	0.000	0.007
	有些收获	3274	3.22	0.680			
	收获很大	2083	3.31	0.764			
社交互动	几乎没有收获	265	3.39	0.803	19.521	0.000	0.007
	有些收获	3274	3.36	0.635			
	收获很大	2083	3.45	0.725			
自我宣传	几乎没有收获	265	3.52	0.906	8.185	0.000	0.003
	有些收获	3274	3.48	0.727			
	收获很大	2083	3.50	0.786			
形象期望	几乎没有收获	265	3.46	0.838	7.465	0.000	0.003
	有些收获	3274	3.37	0.652			
	收获很大	2083	3.40	0.755			

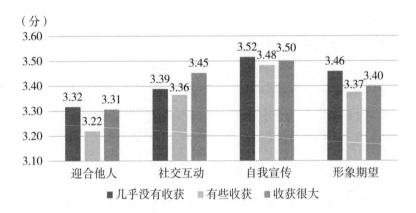

图 5-100　课程收获程度—网络印象管理维度（5 分制）

网络安全与隐私保护维度：在网络素养类课程中收获程度不同的大学生在安全感知及隐私关注、安全行为及隐私保护两方面均呈现出显著的差异性（Sig.<0.01）。在安全感知及隐私关注方面，随着网络素养类课程收获度的提升，大学生得分越来越低；在安全行为及隐私保护方面，随着网络素养类课程收获度的提升，大学生得分更高，表现更好。

表 5-107　课程收获程度—网络安全与隐私保护维度差异检验

指标	课程收获程度	N	Mean	SD	F	Sig.	偏 η2
安全感知及隐私关注	几乎没有收获	265	4.04	0.750	4.846	0.002	0.002
	有些收获	3274	3.98	0.644			
	收获很大	2083	3.94	0.765			
安全行为及隐私保护	几乎没有收获	265	3.79	0.755	15.102	0.000	0.006
	有些收获	3274	3.94	0.651			
	收获很大	2083	3.98	0.776			

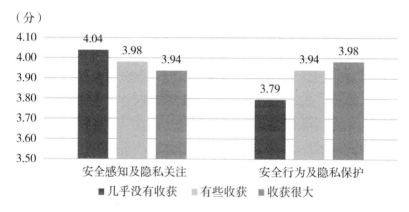

图 5-101　课程收获程度—网络安全与隐私保护维度（5 分制）

网络价值认知和行为维度：在网络素养类课程中收获程度不同的大学生在网络规范认知、网络暴力认知、网络行为规范三方面均呈现出显著的差异性（Sig.<0.001）。在三个指标下均为表示有些收获的大学生得分最高，表示几乎没有收获的大学生得分最低。

表 5-108　课程收获程度—网络价值认知和行为维度差异检验

指标	课程收获程度	N	Mean	SD	F	Sig.	偏 η2
网络规范认知	几乎没有收获	265	3.95	0.743	9.819	0.000	0.004
	有些收获	3274	4.01	0.629			
	收获很大	2083	4.01	0.767			
网络暴力认知	几乎没有收获	265	3.74	1.067	35.228	0.000	0.013
	有些收获	3274	4.03	0.922			
	收获很大	2083	3.75	1.098			

续表

指标	课程收获程度	N	Mean	SD	F	Sig.	偏 η2
网络行为规范	几乎没有收获	265	3.36	0.933	14.152	0.000	0.005
	有些收获	3274	3.63	0.855			
	收获很大	2083	3.49	1.030			

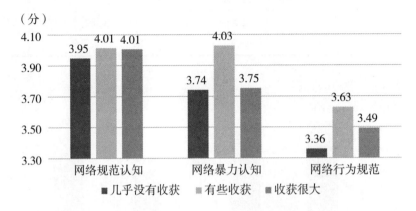

图 5-102　课程收获程度—网络价值认知和行为维度（5 分制）

（三）与同学讨论网络内容频率

上网注意力管理维度：与同学讨论网络内容频率不同的大学生在网络使用认知方面有显著的差异性（Sig.<0.001），而在网络情感控制、网络行为控制方面则差异不显著。越经常与同学讨论网络内容，大学生对网络使用认知能力越强。

表 5-109　与同学讨论网络内容频率—上网注意力管理维度差异检验

指标	与同学讨论网络内容频率	N	Mean	SD	F	Sig.	偏 η2
网络使用认知	几乎不	161	3.44	0.980	37.115	0.000	0.009
	有时	2737	3.54	0.608			
	经常	5006	3.66	0.640			
网络情感控制	几乎不	161	3.35	0.997	1.128	0.324	0.000
	有时	2737	3.36	0.718			
	经常	5006	3.34	0.786			
网络行为控制	几乎不	161	3.27	0.979	1.190	0.304	0.000
	有时	2737	3.29	0.601			
	经常	5006	3.31	0.659			

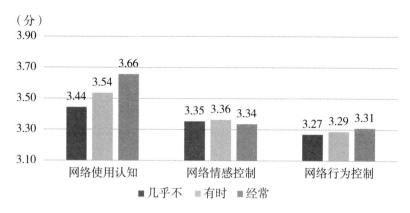

图 5-103　与同学讨论网络内容频率—上网注意力管理维度（5 分制）

网络信息搜索与利用维度：与同学讨论网络内容频率不同的大学生在信息搜索与分辨、信息保存与利用两个方面均具有显著的差异（Sig.<0.001）。具体表现为越经常与同学讨论网络内容，其信息搜索与分辨能力、信息保存与利用能力越强。

表 5-110　与同学讨论网络内容频率—网络信息搜索与利用维度差异检验

指标	与同学讨论 网络内容频率	N	Mean	SD	F	Sig.	偏 η2
信息搜索 与分辨	几乎不	161	3.37	0.907	88.504	0.000	0.022
	有时	2737	3.55	0.591			
	经常	5006	3.73	0.640			
信息保存 与利用	几乎不	161	3.32	0.942	129.797	0.000	0.032
	有时	2737	3.52	0.589			
	经常	5006	3.74	0.643			

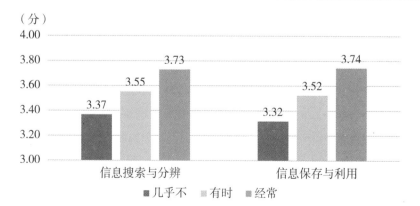

图 5-104　与同学讨论网络内容频率—网络信息搜索与利用维度（5 分制）

网络信息分析与评价维度：与同学讨论网络内容频率不同的大学生在对信息的辨析和批判、对网络的主动认知和行动两个方面均具有显著的差异（Sig.<0.001）。具体表现为越经常与同学讨论网络内容，对信息的辨析和批判能力越强，对网络的主动认知和行动能力则越好。

表 5-111　与同学讨论网络内容频率—网络信息分析与评价维度差异检验

指标	与同学讨论网络内容频率	N	Mean	SD	F	Sig.	偏 η2
对信息的辨析和批判	几乎不	161	3.46	0.901	108.073	0.000	0.027
	有时	2737	3.62	0.611			
	经常	5006	3.83	0.654			
对网络的主动认知和行动	几乎不	161	3.26	0.715	16.234	0.000	0.004
	有时	2737	3.42	0.575			
	经常	5006	3.48	0.668			

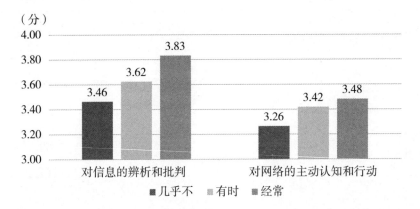

图 5-105　与同学讨论网络内容频率—网络信息分析与评价维度（5 分制）

网络印象管理能力：与同学讨论网络内容频率不同的大学生在迎合他人、社交互动、自我宣传、形象期望四个方面均具有显著的差异（Sig.<0.001）。在四个指标中均表现为越经常与同学讨论网络内容，大学生表现越好。

表 5-112 与同学讨论网络内容频率—网络印象管理维度差异检验

指标	与同学讨论 网络内容频率	N	Mean	SD	F	Sig.	偏 η2
迎合他人	几乎不	161	3.01	1.004	89.997	0.000	0.022
	有时	2737	3.09	0.667			
	经常	5006	3.31	0.735			
社交互动	几乎不	161	3.13	0.950	116.486	0.000	0.029
	有时	2737	3.22	0.624			
	经常	5006	3.46	0.692			
自我宣传	几乎不	161	3.09	1.014	152.542	0.000	0.037
	有时	2737	3.29	0.703			
	经常	5006	3.57	0.761			
形象期望	几乎不	161	3.14	0.917	107.507	0.000	0.026
	有时	2737	3.22	0.647			
	经常	5006	3.45	0.715			

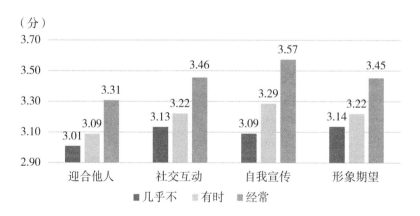

图 5-106 与同学讨论网络内容频率—网络印象管理维度（5分制）

网络安全与隐私保护维度：与同学讨论网络内容频率不同的大学生在安全感知及隐私关注、安全行为及隐私保护两方面均呈现出显著的差异性（Sig.<0.001）。在两个指标中均为越经常与同学讨论网络内容，大学生的安全感知及隐私关注、安全行为及隐私保护能力越强。

表 5-113　与同学讨论网络内容频率—网络安全与隐私保护维度差异检验

指标	与同学讨论网络内容频率	N	Mean	SD	F	Sig.	偏 η2
安全感知及隐私关注	几乎不	161	3.63	0.938	76.112	0.000	0.019
	有时	2737	3.84	0.679			
	经常	5006	4.02	0.707			
安全行为及隐私保护	几乎不	161	3.63	0.911	67.113	0.000	0.017
	有时	2737	3.82	0.687			
	经常	5006	3.99	0.711			

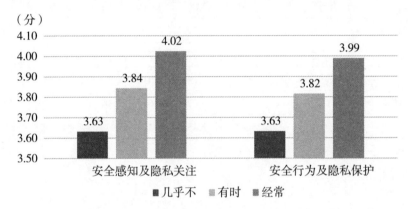

图 5-107　与同学讨论网络内容频率—网络安全与隐私保护维度（5 分制）

网络价值认知和行为维度：与同学讨论网络内容频率不同的大学生在网络规范认知、网络暴力认知、网络行为规范三方面均呈现出显著的差异性（Sig.<0.01）。在网络规范认知、网络暴力认知指标下，越经常与同学讨论网络内容的大学生表现越好；在网络行为规范指标下，表示有时与同学讨论网络内容的大学生表现更好。

表 5-114　与同学讨论网络内容频率—网络价值认知和行为维度差异检验

指标	与同学讨论网络内容频率	N	Mean	SD	F	Sig.	偏 η2
网络规范认知	几乎不	161	3.62	0.950	88.174	0.000	0.022
	有时	2737	3.87	0.685			
	经常	5006	4.06	0.690			

指标	与同学讨论 网络内容频率	N	Mean	SD	F	Sig.	偏 η2
网络暴力 认知	几乎不	161	3.63	1.177	7.043	0.001	0.002
	有时	2737	3.91	0.961			
	经常	5006	3.92	1.011			
网络行为 规范	几乎不	161	3.49	1.128	6.740	0.001	0.002
	有时	2737	3.61	0.887			
	经常	5006	3.54	0.927			

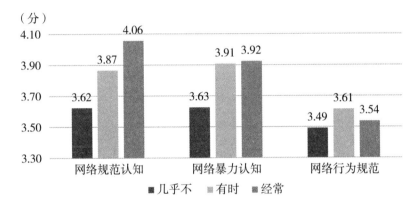

图 5-108 与同学讨论网络内容频率—网络价值认知和行为维度（5 分制）

（四）上课使用手机频率

上网注意力管理维度：上课使用手机频率不同的大学生在网络使用认知、网络情感控制、网络行为控制三个方面均具有显著的差异（Sig.<0.001）。具体表现为在这三个指标下不经常在课上使用手机的大学生表现均最好，越经常在课上使用手机的大学生表现越差。

表 5-115 上课使用手机频率—上网注意力管理维度差异检验

指标	上课使用手机频率	N	Mean	SD	F	Sig.	偏 η2
网络使用 认知	从未使用	169	3.56	1.005	16.365	0.000	0.006
	不经常使用	1786	3.70	0.651			
	有时候使用	3911	3.58	0.583			
	经常使用	2038	3.60	0.691			

续表

指标	上课使用手机频率	N	Mean	SD	F	Sig.	偏 η2
网络情感控制	从未使用	169	3.46	1.038	98.335	0.000	0.036
	不经常使用	1786	3.54	0.742			
	有时候使用	3911	3.37	0.701			
	经常使用	2038	3.12	0.831			
网络行为控制	从未使用	169	3.35	0.982	15.847	0.000	0.006
	不经常使用	1786	3.39	0.657			
	有时候使用	3911	3.27	0.576			
	经常使用	2038	3.27	0.724			

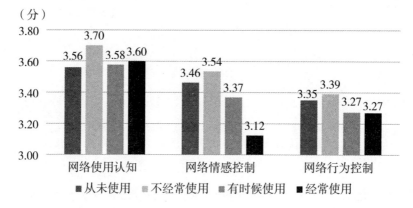

图 5-109　上课使用手机频率—上网注意力管理维度（5 分制）

网络信息搜索与利用维度：上课使用手机频率不同的大学生在信息搜索与分辨、信息保存与利用两个方面均具有显著的差异（Sig.<0.001）。整体上呈现在上课时使用手机的频率越高，信息搜索与分辨能力、信息保存与利用能力越强的趋势。

表 5-116　上课使用手机频率—网络信息搜索与利用维度差异检验

指标	上课使用手机频率	N	Mean	SD	F	Sig.	偏 η2
信息搜索与分辨	从未使用	169	3.59	1.003	7.543	0.000	0.003
	不经常使用	1786	3.68	0.645			
	有时候使用	3911	3.63	0.586			
	经常使用	2038	3.71	0.681			

续表

指标	上课使用手机频率	N	Mean	SD	F	Sig.	偏 η2
信息保存 与利用	从未使用	169	3.51	0.982	13.202	0.000	0.005
	不经常使用	1786	3.65	0.645			
	有时候使用	3911	3.63	0.596			
	经常使用	2038	3.73	0.685			

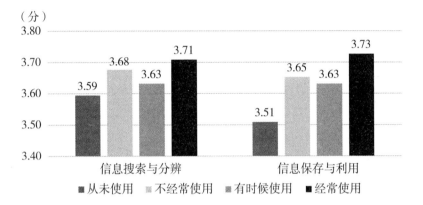

图 5-110　上课使用手机频率—网络信息搜索与利用维度（5 分制）

网络信息分析与评价维度：上课使用手机频率不同的大学生在对信息的辨析和批判、对网络的主动认知和行动两个方面均具有显著的差异（Sig.<0.001）。在对信息的辨析和批判指标下，不经常使用和经常使用手机的大学生表现均较好；在对网络的主动认知和行动方面，不经常在课堂上使用手机的大学生表现更好。

表 5-117　上课使用手机频率—网络信息分析与评价维度差异检验

指标	上课使用手机频率	N	Mean	SD	F	Sig.	偏 η2
对信息的 辨析 和批判	从未使用	169	3.61	0.976	9.014	0.000	0.003
	不经常使用	1786	3.78	0.662			
	有时候使用	3911	3.72	0.611			
	经常使用	2038	3.80	0.688			
对网络的 主动认知 和行动	从未使用	169	3.37	0.711	13.897	0.000	0.005
	不经常使用	1786	3.51	0.627			
	有时候使用	3911	3.47	0.601			
	经常使用	2038	3.39	0.706			

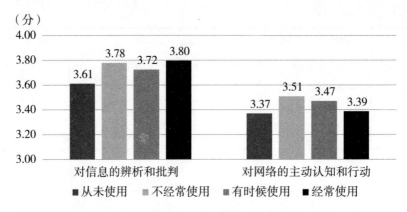

图 5-111　上课使用手机频率—网络信息分析与评价维度（5 分制）

　　网络印象管理维度：在课上使用手机频率不同的大学生在迎合他人、社交互动、自我宣传、形象期望四个方面均具有显著的差异（Sig.<0.001）。具体表现为越经常在课堂上使用手机的大学生，在迎合他人、社交互动、自我宣传、形象期望四个指标下得分越高。

表 5-118　上课使用手机频率—网络印象管理维度差异检验

指标	上课使用手机频率	N	Mean	SD	F	Sig.	偏 η2
迎合他人	从未使用	169	3.04	0.976	59.258	0.000	0.022
	不经常使用	1786	3.09	0.721			
	有时候使用	3911	3.21	0.677			
	经常使用	2038	3.39	0.768			
社交互动	从未使用	169	3.24	0.969	45.758	0.000	0.017
	不经常使用	1786	3.26	0.678			
	有时候使用	3911	3.35	0.637			
	经常使用	2038	3.51	0.728			
自我宣传	从未使用	169	3.23	0.997	41.310	0.000	0.015
	不经常使用	1786	3.34	0.754			
	有时候使用	3911	3.47	0.715			
	经常使用	2038	3.59	0.809			
形象期望	从未使用	169	3.07	0.954	94.729	0.000	0.035
	不经常使用	1786	3.20	0.696			
	有时候使用	3911	3.36	0.651			
	经常使用	2038	3.55	0.744			

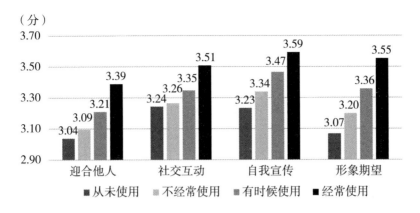

图 5-112　上课使用手机频率—网络印象管理维度（5 分制）

网络安全与隐私保护维度：在课上使用手机频率不同的大学生在安全感知及隐私关注、安全行为及隐私保护两方面均呈现出显著的差异性（Sig.<0.01）。在安全感知及隐私关注指标下，经常在课上使用手机的大学生对隐私关注更深，更容易感知到网络安全问题；在安全行为及隐私保护指标下，不经常在课上使用手机的大学生表现更好。

表 5-119　上课使用手机频率—网络安全与隐私保护维度差异检验

指标	上课使用手机频率	N	Mean	SD	F	Sig.	偏 η2
安全感知及隐私关注	从未使用	169	3.75	0.992	9.266	0.000	0.004
	不经常使用	1786	3.98	0.700			
	有时候使用	3911	3.93	0.681			
	经常使用	2038	4.00	0.738			
安全行为及隐私保护	从未使用	169	3.84	1.010	5.272	0.001	0.002
	不经常使用	1786	3.97	0.715			
	有时候使用	3911	3.90	0.681			
	经常使用	2038	3.93	0.741			

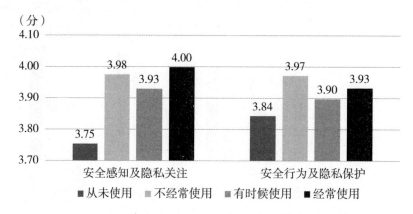

图 5-113 上课使用手机频率—网络安全与隐私保护维度（5分制）

网络价值认知和行为维度：在上课期间使用手机频率不同的大学生在网络规范认知、网络暴力认知、网络行为规范三方面均呈现出显著的差异性（Sig.<0.001）。在三个指标下均为不经常在课堂上使用手机的大学生得分最高，这说明不经常在课上使用手机的大学生在网络规范认知、网络暴力认知、网络行为规范方面表现更好。

表 5-120   上课使用手机频率—网络价值认知和行为维度差异检验

指标	上课使用手机频率	N	Mean	SD	F	Sig.	偏 $\eta 2$
网络规范认知	从未使用	169	3.80	1.019	8.336	0.000	0.003
	不经常使用	1786	4.03	0.707			
	有时候使用	3911	3.96	0.667			
	经常使用	2038	3.99	0.728			
网络暴力认知	从未使用	169	3.74	1.184	52.590	0.000	0.020
	不经常使用	1786	4.06	0.979			
	有时候使用	3911	3.97	0.923			
	经常使用	2038	3.69	1.095			
网络行为规范	从未使用	169	3.53	1.125	93.336	0.000	0.034
	不经常使用	1786	3.77	0.921			
	有时候使用	3911	3.61	0.842			
	经常使用	2038	3.30	0.976			

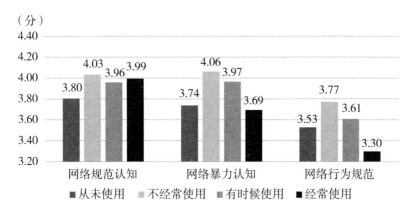

图 5-114 上课使用手机频率—网络价值认知和行为维度（5 分制）

（五）上课使用手机对学习的影响程度认知

上网注意力管理维度：对于上课使用手机对学习的影响程度认知不同的大学生在网络使用认知、网络情感控制两个方面均具有显著的差异（Sig.<0.001），但是在网络行为控制上则差异不显著。在网络使用认知和网络情感控制两方面，认为上课使用手机对学习的影响程度认知较深的大学生得分较低。

表 5-121 上课使用手机对学习的影响程度认知—上网注意力管理维度差异检验

指标	上课使用手机对学习的影响程度认知	N	Mean	SD	F	Sig.	偏 η2
网络使用认知	没有影响	269	3.73	0.969	10.018	0.000	0.004
	影响很小	999	3.69	0.654			
	有些影响	4344	3.59	0.578			
	影响很大	2292	3.60	0.694			
网络情感控制	没有影响	269	3.49	1.003	43.099	0.000	0.016
	影响很小	999	3.51	0.735			
	有些影响	4344	3.37	0.697			
	影响很大	2292	3.21	0.853			
网络行为控制	没有影响	269	3.31	0.970	1.415	0.236	0.001
	影响很小	999	3.31	0.674			
	有些影响	4344	3.29	0.577			
	影响很大	2292	3.32	0.713			

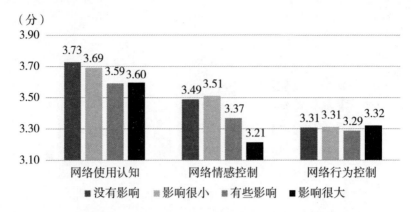

图 5-115　上课使用手机对学习的影响程度认知—上网注意力管理维度（5 分制）

网络信息搜索与利用维度：对于上课使用手机对学习的影响程度认知不同的大学生在信息搜索与分辨、信息保存与利用两个方面均具有显著的差异（Sig.<0.01）。具体表现为认为上课使用手机对学习没有影响的大学生的信息搜索与分辨能力、信息保存与利用能力更强。

表 5-122　上课使用手机对学习的影响程度认知—网络信息搜索与利用维度差异检验

指标	上课使用手机对学习的影响程度认知	N	Mean	SD	F	Sig.	偏 η2
信息搜索与分辨	没有影响	269	3.79	0.951	7.581	0.000	0.003
	影响很小	999	3.71	0.653			
	有些影响	4344	3.64	0.587			
	影响很大	2292	3.67	0.672			
信息保存与利用	没有影响	269	3.73	0.946	4.120	0.006	0.002
	影响很小	999	3.69	0.664			
	有些影响	4344	3.64	0.597			
	影响很大	2292	3.67	0.672			

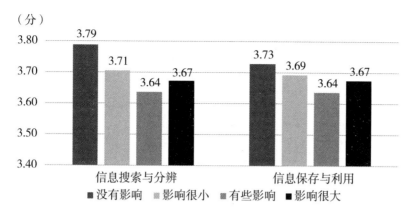

图 5-116 上课使用手机对学习的影响程度认知—网络信息搜索与利用维度（5分制）

网络信息分析与评价维度：对于上课使用手机对学习的影响程度认知不同的大学生在对网络的主动认知和行动方面具有显著的差异（Sig.<0.001），在对信息的辨析和批判方面则差异不显著。具体表现为认为上课使用手机对学习影响较大的学生对网络的主动认知和行动更少。

表 5-123 上课使用手机对学习的影响程度认知—网络信息分析与评价维度差异检验

指标	上课使用手机对学习的影响程度认知	N	Mean	SD	F	Sig.	偏 η2
对信息的辨析和批判	没有影响	269	3.75	0.943	1.164	0.322	0.000
	影响很小	999	3.76	0.652			
	有些影响	4344	3.74	0.607			
	影响很大	2292	3.77	0.698			
对网络的主动认知和行动	没有影响	269	3.58	0.817	14.428	0.000	0.005
	影响很小	999	3.53	0.617			
	有些影响	4344	3.46	0.596			
	影响很大	2292	3.40	0.697			

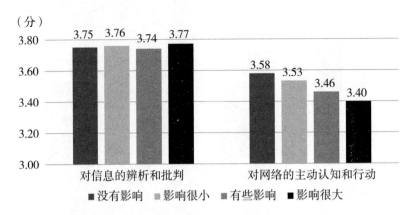

图 5-117 上课使用手机对学习的影响程度认知—网络信息分析与评价维度（5分制）

网络印象管理维度：对于上课使用手机对学习的影响程度认知不同的大学生在迎合他人、社交互动、自我宣传、形象期望四个方面均具有显著的差异（Sig.<0.001）。具体表现为认为上课时间使用手机对学习影响较大的学生，在迎合他人、社交互动、自我宣传、形象期望四个指标下得分更高。

表 5-124 上课使用手机对学习的影响程度认知—网络印象管理维度差异检验

指标	上课使用手机对学习的影响程度认知	N	Mean	SD	F	Sig.	偏 η2
迎合他人	没有影响	269	3.07	0.963	20.546	0.000	0.008
	影响很小	999	3.12	0.716			
	有些影响	4344	3.22	0.676			
	影响很大	2292	3.31	0.780			
社交互动	没有影响	269	3.22	0.971	15.927	0.000	0.006
	影响很小	999	3.28	0.670			
	有些影响	4344	3.36	0.635			
	影响很大	2292	3.43	0.734			
自我宣传	没有影响	269	3.32	1.008	6.356	0.000	0.002
	影响很小	999	3.42	0.746			
	有些影响	4344	3.46	0.712			
	影响很大	2292	3.50	0.822			

指标	上课使用手机对学习的影响程度认知	N	Mean	SD	F	Sig.	偏 η2
形象期望	没有影响	269	3.15	0.985	28.683	0.000	0.011
	影响很小	999	3.26	0.670			
	有些影响	4344	3.36	0.648			
	影响很大	2292	3.46	0.772			

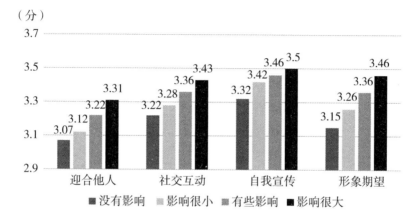

图 5-118 上课使用手机对学习的影响程度—网络印象管理维度（5分制）

网络安全与隐私保护维度：对于上课使用手机对学习的影响程度认知不同的大学生在安全感知及隐私关注方面呈现出显著的差异性（Sig.<0.001），在安全行为及隐私保护方面差异不显著。在安全感知及隐私关注指标下，认为上课使用手机对学习的影响较大的学生更关注网络隐私和网络安全问题。

表 5-125 上课使用手机对学习的影响程度认知—网络安全与隐私保护维度差异检验

指标	上课使用手机对学习的影响程度认知	N	Mean	SD	F	Sig.	偏 η2
安全感知及隐私关注	没有影响	269	3.87	0.967	8.712	0.000	0.003
	影响很小	999	3.94	0.718			
	有些影响	4344	3.93	0.660			
	影响很大	2292	4.01	0.755			

续表

指标	上课使用手机对学习的影响程度认知	N	Mean	SD	F	Sig.	偏 η2
安全行为及隐私保护	没有影响	269	3.90	0.953	2.412	0.065	0.001
	影响很小	999	3.93	0.723			
	有些影响	4344	3.90	0.670			
	影响很大	2292	3.95	0.755			

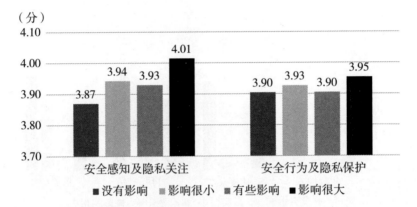

图5-119　上课使用手机对学习的影响程度认知—网络安全与隐私保护维度（5分制）

　　网络价值认知和行为维度：对于上课使用手机对学习的影响程度认知不同的大学生在网络规范认知、网络暴力认知、网络行为规范三方面均呈现出显著的差异性（Sig.<0.05）。在网络暴力认知和网络行为规范指标下，认为上课使用手机对学习影响越大的学生表现越差。

表5-126　上课使用手机对学习的影响程度认知—网络价值认知和行为维度差异检验

指标	上课使用手机对学习的影响程度认知	N	Mean	SD	F	Sig.	偏 η2
网络规范认知	没有影响	269	3.89	0.976	2.842	0.036	0.001
	影响很小	999	4.00	0.705			
	有些影响	4344	3.97	0.658			
	影响很大	2292	4.00	0.742			

续表

指标	上课使用手机对学习的影响程度认知	N	Mean	SD	F	Sig.	偏 η2
网络暴力认知	没有影响	269	3.87	1.131	19.185	0.000	0.007
	影响很小	999	4.02	0.933			
	有些影响	4344	3.96	0.945			
	影响很大	2292	3.79	1.092			
网络行为规范	没有影响	269	3.60	1.091	23.084	0.000	0.009
	影响很小	999	3.67	0.868			
	有些影响	4344	3.61	0.863			
	影响很大	2292	3.43	1.002			

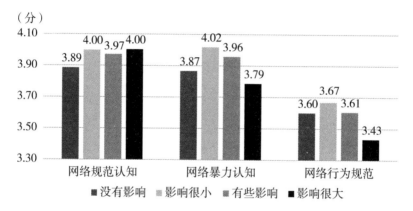

图 5-120 上课使用手机对学习的影响程度认知—网络价值认知和行为维度（5 分制）

第六章

对策与建议

一、个人层面：六个维度全方位增强个人网络技能，提升网络素养

（一）加强信息搜索利用技能学习，提高个人网络信息搜索与利用的能力

网络信息搜索与利用是同一个事项的不同流程，其中网络信息搜索是为信息利用服务的，网络信息利用是搜索的目的。网络信息搜索是用户受信息需求驱动利用网络进行的信息搜索行为，包括浏览信息、筛选信息、利用信息等环节。在信息海洋中，我们要学会利用搜索引擎、数据库、生成式人工智能的提示词等先进的搜索工具，以正确的方法去找到准确的答案。只有掌握了信息搜索的基本攻略和技巧，并且不断学习和实践，我们才可以在浩渺无垠的信息海洋里自由自在遨游。大学生要系统学习网络信息搜索与利用保存的知识技能，掌握众多的网络信息检索工具运用技巧，合理巧妙运用检索表达式，学会根据搜索目的的不同选取不同的信息获取媒介。搜索信息时，可以通过限定信息的时间范围、搜索条件、格式范围、地点范围等方式获取更加精确的内容，学会利用生成式人工智能工具提示词。在完成搜索工作后，也要加强对网络信息保存利用能力的提升，使用辅助记录工具将网络信息分门别类保存好，做好标签，提高网络信息的利用率。

在进行信息搜索与利用的过程中还要注意以下几点：一、学会筛查信息的相关性，在内容和形式上进行匹配。二、明晰信息主要来源，了解其背后的运作背景和资金来源，明确信息来源是否具有偏向性，是否可信。三、辨别广告和软广告，尤其是要注意混杂在信息中的信息流广告。四、采纳意见前明确调查信息的权威性，包括平台权威、作者本人权威等，多方调查之后再采信。五、判断信息的客观性。交叉验证信息提供者是否带有个人偏见，其提供的信息是否有足够的经验性事实作为依据。六、判断信息的实时性。信息更新速度惊人的后真相时代，

对于信息的搜索和利用必须做到与时俱进，找到最新消息，明确是否存在反转问题。

（二）提高上网注意力管理水平，不迷失在复杂的网络信息和网络关系中

20世纪70年代，诺贝尔奖得主赫伯特·西蒙指出，"信息的富裕造成注意力的匮乏，因此我们需要在丰富的信息源中有效配置注意力"。当今时代已经成为注意力紧缺时代，网络信息中各类信息流广告、弹窗广告乱花迷人眼，很容易导致大学生在网络使用过程中分散注意力。大学生可以修读网络素养课程，或者借助注意力管理APP，形成良好的上网注意力管理习惯。

首先，要树立可以解决上网注意力问题的信心，通过相信自己有这样的能力，从而控制自己的注意力。学会遵循自己的注意力高峰节奏，以便感觉健康和富有成效。尽管我们的注意存在无意识加工的过程，但同时也有一个控制加工的过程。大学生只要能够充分运用注意本身的特性去控制注意的有意识加工过程，是能够正确地对注意资源进行合理分配和管理的。

其次，根据自己的目的去调整互联网的使用策略。尝试把自己对互联网的使用分成不同目标场景，根据目标场景达成不同的策略。在上网前做好对自己上网时间和上网具体内容的规划，按照重要程度设置阶段性上网目标，根据问题规范有针对性地检索、浏览、查阅互联网上的信息；在上网时利用手机屏幕管理APP等监督自己的媒介使用行为，明确使用的目的、范围和时间，在搜索和利用信息时有明确的目标性，不过分发散去浏览其他内容；在每日上网后对自己的上网行为进行总结反思，制作媒介接触日志，不断反思提升，尝试设置阶段性上网注意力管理的小目标，在实现注意力管理小目标后给予自己积极奖励，提高积极情绪，进而逐步加强对自我注意力的管理，提高网络使用的注意力水平。

（三）减少无效网络社交，做好个人的网络印象管理

在各种程式化的无效社交、爆炸式的同质化信息以及社交媒体平台不断迭代的冲击下，个体对社交媒体平台管理网络印象也出现了感知过载和倦怠逃离的现象。做好网络印象管理，需要坚持适度原则，避免信息过载，剥离同质化内容。在网络社交和网络印象管理不可或缺的情况下，社会个体需结合个人实际情况，掌握适度原则，关注个人发布内容的数量和质量，提升个人网络使用技能。不跟风盲从，不以同质化内容高频率刷屏，以免使"观众"产生信息过载感。坚定自信，做好对自我的内向管理和关注，重视现实生活，分清网络与现实的界限，立足现实，多与现实中的家人、朋友进行沟通活动。

同时，大学生在过量的社交连接中，应该定时清理无效的网络社交，保持社交好友规模在邓巴数字左右。邓巴认为，由于人的精力是有限的，他所能接触到的有效信息量也是有限的，他预测人类的"平均社群规模"是148，其中考虑到最大误差估计（95%的置信区间，在100—230），为了维持较高的有效信息量，需要每个人在社交网络中所维持的关系数保持在邓巴数字左右，这样人们所获得的有效信息量才能达到最高。减少无效社交，充分认识到社交网络的信息量特征，学习网络信息分类标记方法，对网络社交关系进行筛选。在对待网络信息的态度上进行适度放松，摒弃对网络信息的过度追求，加强对线下现实生活的关注，加强与社会的联系，增强大学生对于有效信息量的把握，减轻错失无效信息的焦虑感。在必要时要积极地寻求他人的帮助，而非一味在网络中寻求答案，以利于对信息的获取，或者通过在现实生活中得到他人的情感支持，降低孤独感、无助感。

另外，应该建立好边界，注重保护个人社交隐私信息，建立起"观众"与"演员"的边界。在进行网络印象管理时，慎重选择和使用文图视频等的表达，筛选发布内容，保护好个人隐私。

（四）培养批判性思维，提高对网络信息的分析与评价能力

面对纷繁复杂的网络社会，学会批判地解读互联网媒介所传递的信息是每个大学生必不可少的技能。大学生必须意识到网络构建的是一个拟态环境，应该以理性、批判、辩证的眼光看待网络上的信息，分清网络信息中的观点与事实，以全面的眼光看待问题。

建立面对网络信息的理性思维。选择多元接触信息，对于跟自己的认知不一致的信息，尤其是优质信源带来的专业信息，保持不排斥、不回避、全面看待问题的基本态度。面对网络信息时，进行去情绪化的合理思考，避免被情绪化内容所煽动。科学理性对待网络言论需要更加关注事实本身，而不是情绪化的表达。

提高网络信息分析的能力。培养多角度对比信息的能力，以立体的、多侧面的、多维度的信息还原信息拼图，弄清事件全貌。既要关注信息权威性的认定，明确信息本身的内容产出者、发布者、编作者的专业能力是否足够权威，也要关注信息审核方的信息，明确信息是否经过权威方审核。同时，对于信息内容本身则要关注警惕其更新及时性、内容相关性、逻辑严谨性、情绪煽动性等特征，综合分析信息的可信度。

提升对网络信息的批判能力。在接受网络信息之前，以批判的眼光发现和质疑信息的前提假设，避免被信息发布者、传播者影响和左右，以冷静的态度分

析网络信息。在分析网络信息时，从整体的角度来看问题，确认网络信息的前后逻辑一致性，明确网络信息或观点的当代适用性、局限性。以批判性思维辨析分清网络信息中的事实与观点，明确网络信息中可能存在的争论焦点，避免被情绪左右。

（五）增强网络安全防御能力，提升自身的网络安全意识

对于学习、工作、生活都与网络紧密联结的大学生来说，提升自身的网络安全意识，增强网络安全防御能力刻不容缓。大学生应充分认识到网络安全与隐私保护的重要性，将网络安全素养内化于心、外化于行，以达成安全、健康和高效使用网络的目标。

从认知方面提升网络安全和隐私保护意识。一是应当完善和拓展对网络隐私的范围认知。网络隐私主要包含三个方面：个人信息——证件信息、体型特征、财产状况、联系方式等与现实空间紧密相连的具有可识别性的内容；个人活动——网络空间内的浏览足迹、使用记录、偏好设定等用户未授权与平台进行二次使用的数据痕迹；个人空间——个人享有使用权或所有权的现实及虚拟空间，如住所、手机以及网盘、邮箱、朋友圈等信息的存储器。二是要提高信息安全和隐私防范意识，充分认识线上空间的安全环境现状及隐私泄露的严重后果，特别是在社交媒体、网上交易、需要填写个人账户密码或真实信息的情境中，要时刻戒备已知和未知的风险。在线上空间中，可通过建立对平台隐私保护举措的衡量标准、关注平台的隐私信息搜集操作、重视个人对隐私信息的把控程度三个步骤来判断所使用网络平台的隐私安全水平，并据此采取相应的安全防护措施。三是要主动学习和了解网络安全的相关知识，掌握网络安全常识和常见网络安全风险防范措施。网络为公众提供了丰富的学习资源，广大网民应充分利用公开的网络安全教育资源不断学习积累相关知识、努力提升网络安全素质。如阅读了解网络安全相关法律法规，定期参与网络安全在线课程学习与培训、在网络安全与隐私保护话题社区进行经验交流讨论等。

从具体行为上落实隐私保护。需要主动提升自身网络技能熟练程度并不断积累应对隐私安全风险的行动经验。可以通过学习和实践建立起一套完整的防范流程。如设置复杂的登录密码并定期更换，填写信息时，伪造、隐藏重要信息；使用平台前关注并详细阅读用户隐私协议，评估信息搜集及处理设置；在浏览器及其他平台设置禁止追踪；使用他人或公共电脑时及时清除使用痕迹；非必要不连接使用公共 Wi-Fi；存在隐私风险时停止使用并及时反馈等。除了聚焦网络使用

行为外，网络环境是否安全也是网民需要重点关注的要素之一。我们应学习和了解网络安全的相关知识，掌握基础的网络安全常识与问题处理能力，确保自己在安全的网络环境下进行各项信息传播活动，保持良好、健康的上网习惯，杜绝浏览不良信息，从源头上遏制个人隐私数据泄露。如下载官方正版软件、软件杀毒等。在社交媒体、网上交易、需要填写个人账户密码或真实信息的情境中，时刻戒备已知和未知的风险；在运用一般安全策略应对网络潜在安全风险的同时，公众还可以通过与父母朋友及时分享、讨论相关网络信息，主动传递隐私关注，分享保护举措，互帮互助规避风险陷阱。

（六）加强网络道德规范教育，培养正确的网络价值观

正确的网络道德认知有利于大学生增强信息辨别能力和自律能力，增强大学生对于网络负面信息的对抗性，规范自身的网络行为。大学生群体应积极主动地提高网络道德认知水平，树立正确的价值观念。加强对网络行为规范守则、网络行为指导、网络安全相关的学习，自觉遵守主要包括遵守各项互联网行为准则，尊重他人的情感、意见及隐私，尊重各类知识产权等。

树立主体意识，以强烈的责任感规范自身行为，并帮助他人处理网络道德失范问题。大学生应该意识到自己社会主义接班人、社会主义建设者的主体身份，明确个人的网络道德表现对整个网络社会的发展都会产生举足轻重的影响，从而认识到担当网络责任的必要性。不仅自己做到"君子慎独"，知行合一，自觉遵守网络文明，不发布不健康言论、不浏览和传播不良信息、不破坏网络秩序。更要积极承担起主体义务，在遇到网络失范行为或者现象时，积极规劝，通过举报账号等方式及时帮助其他人解决问题，共同构建清朗的网络空间。

二、学校层面：立体化开设网络素养课程活动，培养正确网络价值观

高校的教育工作不仅局限于智育工作，也应重视大学生的网络素养教育，高校应该意识到网络素养教育对于大学生提升网络信息使用技能，进行网络创新活动，提高社会竞争力的重要意义，将大学生网络素养课程纳入大学生人才培养体系，培育学生正确的网络价值观和网络伦理观。

（一）开设网络素养通识课程，提高学生网络素养水平

高校可以通过革新计算机技术课程、多种形式来帮助学生提升网络素养、减轻信息焦虑。高校不仅应该不断拓展图书馆电子信息资源库，更应该通过图书馆部门加强和各学部院系的合作，在全校展开网络信息搜索与利用能力的培训，在

传统的图书馆信息搜索之外，还可以借助各高校的信息技术学院、心理学部、新闻学院等的相关资源，开设全校通识课，从技术学和心理学的角度加强对学生社交信息、生活服务信息、学习工作信息的搜索利用处理方法教育，强化学生的网络素养。另外，还可以充分利用大学生心理健康课程，将网络使用心理健康和行为规范作为重要课程内容融入心理健康教育，引导学生积极关注网络素养水平，促进其网络素养学习和提升。

（二）举办多样化网络素养活动，引导学生建立健康网络价值观

在通识课程之外，学校还可以借助学工办、共青团、学生社团等的力量，举办多类型的网络素养相关活动，引导学生建立健康的网络价值观。比如定期举办建立健康网络价值观系列讲座活动、网络道德楷模表彰会、网络舆情分析大赛、网络伦理知多少知识竞赛、开设网络信息辨别小技巧外场活动等，并通过校园海报、横幅等多样化的网络素养活动形式，常态化提醒学生对于网络信息的态度不可偏激，网络并非法外之地，应遵守相应伦理价值规范。

（三）健全在校网络管理规范，引导学生减少学生在线时间

研究发现，大学生的网络使用时长与其信息焦虑具有显著的相关性。高校可以通过健全网络管理规范，引导学生减少上课时间对于手机设备的使用，减缓网络设备使用的频率和时长。在学生遇到网络信息焦虑情况时，通过健全的心理辅导机制帮助学生走出网络，减少在线时长，降低学生的信息焦虑程度。

总而言之，学校作为大学生网络行为习惯和网络价值观养成的重要场所，应该加强对于大学生网络素养教育的重视程度，通过开设通识课程、举办网络素养活动、健全网络管理规范等方式加强对学生网络素养的提升，培育大学生正确的网络价值观。

三、家庭层面：提高自身网络素养水平，构建良好家庭氛围和家庭支持系统

家庭教育对大学生的成长起着潜移默化的作用。对于网络素养教育而言，一方面，以血缘为纽带的家庭教育具有独特的感染性优势，家长对孩子的性格特点、行为习惯、教育状况、思想动态等相对较了解，他们的教育引导更具针对性；另一方面，家长的上网习惯会对大学生的上网行为产生直接的影响。

（一）言传身教，提高自身网络素养水平

在网络素养的家庭教育方面，家长首先要提高自身的网络素养水平，如管理自己使用网络的时间、增强对网络信息的分析鉴别能力、客观认识网络的利与弊，

不能在孩子与自己使用网络时区别对待，以免使孩子产生割裂或者家长"双标"的不信任感。对于孩子的上网行为，不能一味地采用禁止态度或认为网络是"洪水猛兽"，也不能对孩子的网络使用行为放任不管，要理性看待，学会换位思考，认识到孩子上网的原因和需求，合理引导。家长要在日常生活中做好表率，并主动学习和网络相关的一些知识，如新媒体的使用、网络隐私的管理、网络素养的内容等，从而更好地教育孩子。

父亲、母亲在家庭教育的过程中要有针对性地提高自身的网络素养水平，共同承担起陪伴大学生成长、发展的责任。在教育过程中，父母可以根据自己不同的角色定位进行差异化教育。调查结果显示，母亲学历对网络信息分析与评价的影响显著，母亲学历越高的大学生在网络信息分析与评价方面的表现越好，因此母亲可以在网络信息分析与评价方面多给予正向影响，与父亲分工共同帮助孩子提升网络素养。

（二）注重沟通，构建良好家庭氛围

整体而言，家庭氛围越好，大学生网络素养越高。家长对于孩子的教育和引导，应该在平等的语境下进行，学会换位思考，主动搭建起亲子沟通的平台，营造良好的家庭氛围，只有这样，孩子才愿意敞开心扉与家长交流，家长也能够更好地了解孩子的思想动态与所遇问题，更好地帮助孩子成长。家长要多多空出时间，多陪伴孩子读书或出去游玩，减少在孩子面前使用短视频类和游戏类等娱乐应用。对大学生的上网行为，建议父母抱以宽容、理解的态度，建立与大学生平等讨论和分享的良好习惯，和孩子建立更有效的沟通方式，指导他们正确认识网络上的信息、内容和社交关系；给孩子更多的积极反馈，更多的任务和决定权，增加成就感。家长要多观察大学生使用网络的时间和状态，善于倾听孩子对网络行为的困惑。在尊重隐私的前提下，通过与孩子的沟通交流发现问题，如是否存在网络成瘾的现象，是否缺乏相应的注意力管理能力等。

（三）安全上网，引导孩子鉴别网络信息

大学生作为数字原住民，对于信息缺少足够的鉴别能力，家长要培养孩子在信息整理、分类技巧以及辨别垃圾信息方面的能力，培养孩子正确的价值观，避免有害信息对大学生造成伤害。当孩子在上网过程中遇到有害信息时及时进行教育和引导，告知这些信息可能产生的危害与风险，使孩子能够树立起安全上网的观念。

家长也要足够重视网络安全问题，并在日常生活中向孩子讲解网络安全的相关知识，包括避免泄露自己的真实信息、通过社交网络聊天时的注意事项等，密切关注孩子在网络上的隐私和权限设置，告知孩子哪些信息是可以被应用访问、哪些信息是禁止访问的，并帮助孩子在网络上设置安全的密码，定期检查网络中是否含有病毒和恶意软件等，防患于未然。

（四）文明上网，引导孩子正确参与网络互动

大学生拥有利用互联网进行自由表达、参与网络互动的权利。家长要指导孩子文明上网，合理地利用网络进行知识学习、信息获取、交流沟通与娱乐休闲，积极参加网络上一些规范的学习社群和兴趣小组；教导孩子注意上网规范，不传播未经核实的信息、不侮辱欺骗他人、不浏览不良信息、不发表极端言论、不盲从站队等。

家长应承担起榜样模范、陪伴引导的作用，教导孩子恰当利用网络为自己塑造良好形象，发现孩子在网络平台发布的内容不合时宜或有损自身形象时及时提醒制止；教导孩子网络世界同样需要遵守现实世界沟通的礼貌和准则，培养起孩子在网络互动中的同理心和尊重意识，避免孩子参与或者被卷入网络欺凌和网络暴力。

（五）有效介入，适度干预孩子上网行为

对媒介信息的分析评价能力是网络素养的重要组成部分，它更侧重于信息的认知过程。在日常生活中，家长应关注孩子的网络体验，及时抓住对孩子进行网络素养教育的机会，指导他们正确认识网络上的信息，并帮助孩子分辨网络信息的真伪和价值。例如，当上网的过程中遇到网络广告时，家长可以与孩子进行讨论，包括这则网络广告是怎样运作的，为我们营造了一个怎样的环境，它为什么会让我们产生购买的欲望，等等，从而让他们成为理智的消费者。

父母要适度干预大学生的上网行为，应采取多种形式和方法，多维度地介入，必要时可以制定科学的家庭上网规则，比如与孩子商量制订网络使用计划表，让孩子养成先完成学习任务再上网的习惯。

四、社会层面：政企合作共筑网络信息安全保护防线，守护大学生信息安全

建立网络信息安全保护防线，不仅需要大学生个体学习信息安全保护技能，更需要全社会共同守护，政府和企业作为最重要的主体更是要积极发挥作用。政府在统筹协调网络安全全局方面发挥着至关重要的作用，应不断健全相关法律法规，积极协调企业、个人、政府与组织之间的关系，统筹多方力量，构建多主体

共同参与协作的网络安全治理体系。企业作为直接提供网络信息服务的平台，也要积极承担社会责任，提供安全的信息环境。

政府相关部门建立完善个人信息权益保障法律制度，逐步落实个人信息保护，规范网络信息传播秩序，提升网络安全监管治理力度。首先要科学构建网络权益保障法律制度，为实现广大网民合法权益的线上、线下全方位保护提供充分法律依据。政府相关部门应根据实际情况制定更加健全的法律法规，合理限定隐私保护的工作的强度和范围，并为用户提供合理的、有效的权威和依据，使用户的个人隐私能够得到更加充分的保护。细化完善个人信息保护原则和个人信息处理规则，健全个人信息保护工作机制。提升相关法律法规的预见性和针对性，以促使网络信息安全保护相关法律法规具有更强的系统性，以实现相关法律法规的持续有效发展。同时还需落实具体的监管治理工作，出台网络数据管理和安全保护相关政策和标准，在行业内设置合理的监管措施，建立常态化管理机制，提升行业自律性。强化企业网络数据安全主体责任，加大监督检查和违法违规行为执法惩处力度。对传播各类违法违规信息的网站平台，采取约谈、责令改正、警告、暂停信息更新、罚款等多种措施。督促网站平台履行主体责任，依法依约对用户发布的信息进行管理，建立网络信息安全投诉、举报机制，形成治理合力。

相关网络平台企业也应积极形成并自觉遵守行业自律与行业规范。在落实网络安全维护和用户个人信息防护的过程中，各个企业必须肩负起主体责任，重视平台用户的隐私信息权益，切实履行自律自查规范，兼顾社会效益与经济效益，积极探索如何利用数字技术为用户打造安全可靠的网络环境。严格落实国家法律规定，自觉履行自律责任。各个企业作为网络运营主体应严格按照相关法律法规和国家政策要求以加密、数据备份、分类等措施保护数据信息，在技术手段之外积极探索其他防范措施，加大网络安全防护力度。充分尊重用户权利，建立链条完整的隐私保护机制，从源头做好用户信息的安全防护。在收集用户个人信息前应按照政策要求，制定严苛的隐私安全原则，向用户展示清晰完整的平台隐私协议，协议需真实、清晰地体现收集、使用用户隐私信息的详细内容，使用户通过阅读隐私条例能够清晰获知平台操作，考量隐私风险。

此外，企业部门还需强化自身的监管工作，自觉接受内外部的监督，对内应充分提升用户对于个人隐私信息的可控制性，由用户自主决定自身信息是否可以对外发布，对外要根据相关法律法规履行责任义务，合理保护用户隐私，同时提升用户个人信息的完整性和可用性。

后　记

移动互联网已深刻嵌入我们日常的工作、学习和生活中，我们每天都在数字时代的信息高速路上奔跑。网络素养是我们每一个公民在信息高速路上的"驾驶证"，也是大学生畅游网海的"通行证"。

本书是北京师范大学教育新闻与传媒研究中心、新闻传播学院未成人网络素养研究中心的第四份研究报告。本书在《中国青少年网络素养绿皮书》（2017、2020、2022）的研究框架的基础上，融合了方增泉、祁雪晶、元英团队多年来给北京师范大学本科生开设的"全媒体理论与媒介素养"课程的授课内容。

在本书即将付梓之际，我们要向在本书构思、写作、修改、审校过程中给予支持和帮助的老师、同学和朋友们表示我们最真诚的感谢！

参与本书撰写的有：方增泉、祁雪晶、元英、王美力、李晓冉、秦月、陈兴等。我们还要特别感谢所有参与填写大学生网络素养调查问卷的同学们。

我们始终认为，青少年媒介素养教育是一项任重道远的伟大事业，本书权作抛砖引玉，敬请各位专家和读者批评指正，以便我们更好地改进研究工作。

是为后记。